日和手制 杯子

手づくりする
ガラスの器
こだわりの作家もの＋作り方

[日] **岛崎千秋** —— 著　　陈益彤　张家悦 —— 译

浙江人民出版社

GODIV
Milk Crunch

前言

本书将主要为您介绍由玻璃工匠亲手打造的“玻璃器皿”。由于玻璃器皿也是“生活用具”的一种，因此除玻璃盘、玻璃碗之外，本书也将为您广泛介绍玻璃杯和玻璃瓶等其他玻璃制品。本书主要有以下四大特点：

1. 本书所收录玻璃器皿均由玻璃工匠手工制作

本书所收录的所有玻璃器皿，均是由玻璃工匠一丝不苟、殚精竭虑方打造而成的纯手工玻璃器皿，其外观形态均经过工匠精心设计，可大规模生产的玻璃制品不在本书收录范围之内。书中大多数作品由独立玻璃工匠制作而成，只有一件手工玻璃器皿是出自一家玻璃制品厂。而在这座工厂中，职工们也会与玻璃工匠们相同，一件一件的去制作玻璃器皿。由于希望让读者们了解到当前日本传统手工技术中玻璃器皿制造领域也正得以传承和延续，因此将这一特例也介绍给大家。

2. 本书将带您了解玻璃工匠的创作构想及设计思路

如果使用者能够了解到每天所使用的器皿是出自哪位工匠之手、设计时怀有怎样的构想、运用了怎样的制作方法，那么他对于这件器皿的爱惜之情一定会油然而生。本书将首先为您介绍每件作品的诞生背景，除此之外也会讲述工匠们每天与玻璃打交道的心情是怎样的，不仅如此，本书还会追溯工匠们进入玻璃器皿制作行业的契机，带您走进他们的内心世界。

3. 本书介绍的玻璃器皿可为生活增光添彩

作为艺术品的玻璃制品自然是精妙绝伦，本书也收录了在生活中会实际使用到的玻璃器皿。一提起玻璃器皿，大家总会觉得那是一种“冰凉的存在”，其实这是对玻璃器皿的极大误解（摘自辻野刚）。无论春夏秋冬，玻璃器皿在生活中都能派上用场。如果了解到这一点，就应该可以意识到，人们是可以借助玻璃器皿去享受生活的。基于此观点，本书希望向您描绘一种能够为生活带来“乐趣”的器皿形象。比如，在工匠们的鼎力协助下，书中将为您介绍盛放美味佳肴时所使用的玻璃器皿。

4. 通过阅读本书，您可以了解到玻璃器皿的制作方法

说到“手工制作玻璃器皿”，相信不少读者脑海中会浮现出借助长杆吹出玻璃雏形，从而制作玻璃器皿的景象。的确，利用吹制法制作玻璃器皿的工匠不在少数，但玻璃的吹制也有几种不同技法，制作方式更是五花八门。利用不同技法制成的器皿可以展现出不同的风格，希望通过介绍吹制玻璃的各种技法，可以为您挑选玻璃器皿提供参考。

目录

数据资料

第一章

吹制玻璃

在手工制作玻璃器皿时，

“吹制法”用得最多。

首先，让我们从吹制玻璃工匠们开始说起。

作品名为“1.9m系列”。京都龙安寺的设计师在设计寺庙时为借用天然景观，将石庭内的土墙高度定为1.9m。受日本人这种独有的空间运用方法的启发，辻野刚便给本系列作品命名为1.9m。

辻野刚：1.9m

探索多种方式，尽情享受玻璃器皿带来的乐趣

辻野刚：1964年生于日本大阪府。从设计专修学院毕业后赴美，并在美国各地的工作室和工坊中苦练玻璃工艺技巧，其中就包括华盛顿的“Pilchuck Glass School”。1994年进入和泉市玻璃工坊工作，2001年自立门户，开设“Fresco”玻璃工坊。在利用宙吹法※制作玻璃器皿的同时，辻野刚也在个人艺术作品方面投入了一定精力。

※宙吹法：用吹杆卷起玻璃原料，在半空中吹制成形。

当第一眼看到“1.9m系列”器皿时，我不禁怀疑它们是否真的由玻璃制成。然而，当与这套作品的制作者、玻璃工匠辻野刚交谈过后，我感觉玻璃器皿与我的距离变得更近了，而我也毫不犹豫地放下了对玻璃的成见。当我重新用一种客观的视角去看玻璃器皿时，我发现它们似乎还有更多不同的使用方法和使用场景，它们在各个场景中各显神通、大放异彩的画面好像就浮现在我的眼前，这真是一种十分有趣的体验。

“好像有很多人都对玻璃带有成见，认为玻璃器皿应该是透明的、冰凉的，是一种只适合在夏天使用的器具，等等。然而在北欧，人们合理运用玻璃透光的特点，将玻璃放置于窗边，使其经受阳光照射，从而起到取暖的效果。可以说玻璃器皿在北欧给大家留下的印象反而是冬天才会使用的器具。在我看来，如果我们能摒弃对玻璃的成见，提到玻璃时首先想到的是精美的玻璃器皿，生活中玻璃能够派上用场的地方还会变得更多。”

kasumi系列作品的创作理念是希望使用者能够体味到色彩带来的愉悦感。制作者摒弃了玻璃等于透明这一成见，但也并没有制作成过于丰富的色彩效果。辻野刚希望展现出来的，是介于透明与不透明之间的霞光色彩。

一般情况下，这种霞光色彩不容易被使用者所接受。然而辻野刚认为：“日本人应该有一种与生俱来的感性，能够在微妙的光线变化下，体会到阴影

以霞光为意象的kasumi系列碗盘，使用玻璃粉末上色。

“kokusha”（图片前部）和“Hakusha”（图片后部）。杯身与托盘部位为一体化设计，均由玻璃打造而成。这款杯子作为盛放意式奶冻的器具，由工坊附设咖啡店的员工提议制作。杯中草莓是附近农家所种的新鲜绿色食品。

辻野刚耗费两年半时间亲手建成的Fresco工坊。在这里，他与7名员工一起手工制作玻璃工艺品。

的美感。”

“茶色使用在陶器或透明器皿上都是十分搭调的，由于上了茶色，器皿并非完全透明，而是可以透过它看到下面垫着的餐具垫，也别有一番趣味。在设计器皿时，我总会充分考虑它所带来的整体桌面效果，着重考量它是否会成为一件给人带来享受和乐趣的器皿。这样做的初衷，也在于我希望能够使玻璃器皿成为生活中实实在在的一部分。”

辻野刚希望成为一名玻璃工匠时刚好18岁。那年，他在美术馆参观了一场名为“世界当代玻璃艺术展”的展览，展览中玻璃作品的艺术性给他带来了强烈的冲击。从设计专修学院毕业后，他远赴美国，当时美国正值“工坊玻璃浪潮”的鼎盛期（玻璃艺术家开设工坊制作作品），在此期间，他获得了千载难逢的

辻野刚正在制作高脚玻璃杯。制作这种威尼斯玻璃杯难度极大，必须一只一只小心制作。在吹制玻璃的过程中，还要借助宙吹法。“制作玻璃器皿就好像是进行一项体育运动。拿棒球运动来举例说明的话，就好比必须在比赛的每个阶段都投出好球一样，要时刻保持严肃认真的态度，如果有三两天不上手，手法就会生疏了。”

用玻璃制品做成的室内装饰。

良机，学到国家机密般不能外传的威尼斯玻璃杯制作方法等一系列高超的玻璃制作技巧，可谓技术、精神双丰收。然而当辻野刚在5年后回到日本，等待着他的却是国内民众对于玻璃制品的不屑一顾，这一点与国外可谓大相径庭。

“我想在短时间内创作出备受好评的作品，但就当时的情况来看，这样做的门槛实在太高。于是我希望大家能先在日常生活中习惯去使用手工玻璃制品。我相信只要生活中有了第一件手工制作的玻璃制品，也就会逐渐拥有其他种类的手工玻璃制品，这样一来不用多久，对于玻璃制品的好评就会水涨船高了。”

于是辻野刚开设了工坊“Fresco”，“Fresco”一词在意大利语中的意思为“新鲜”。Fresco工坊在制作玻璃作品的过程中不会将玻璃灌入模具来造型，而是借助宙吹法来手工制作成形，因此每一件作品的框架结构各不相同，这也是手工制作独有的趣味性。

“玻璃器皿用机器也是可以制作的，之所以非要用手工制作，是希望我制作出来的作品能够获得‘果然还是手工制作的好’这样的评价。”

辻野刚告诉我们，这几年越来越多的人开始主动开发玻璃器皿的多种使用方法。

“使用者和制造者之间的关系变得互动起来，在制作实用器具方面，我自己也是乐此不疲，因为将玻璃器皿与现实生活如齿轮咬合般紧紧相连，本身就是一件令人十分享受的事情。”

Olive Stained系列，其整体颜色与橄榄油别无二致，以气泡元素为作品特色。玻璃的优势在于，只要稍经擦拭便可闪闪发光，但是制作这一系列的作品时为了表现复古质感，辻野刚大胆挑战了做旧风格。

这款苜蓿杯的握持部位中有一片苜蓿叶，持握部位以上为杯体。设计这款苜蓿杯的初衷是供使用者当作烛台使用，然而后来发现作为杯子来盛放饮品也十分好用。

Iino Naho：

苜蓿杯

玻璃中洋溢着稳稳的幸福

Iino Naho：生于1967年，1990年毕业于武藏野美术大学造型艺术学院雕刻系。1993年开始参加东京玻璃工艺研究所周末班学习玻璃吹制工艺。1996年进入Pilchuck Glass School学习。2008年开设工坊Iino Naho Glass Garden。主要著作有《玻璃与光》（Millebooks出版）、《水天之间》（六耀舍出版）。

依托四叶草形象制作而成的“苜蓿镇纸”是玻璃工匠Iino Naho的代表作。她不仅在日本人气极高，在美国、法国等国家也有大量的拥趸。以她的代表作苜蓿镇纸为主题衍生出的苜蓿玻璃杯，成了新的人气之王。

“由于苜蓿是一种象征着推崇自然力量的植物，因此我提出了制作苜蓿杯的想法。我有时会在不经意间思考，是否有什么方法，能够让桌面上兀自闪烁的烛火与大自然有所关联？”

Iino所制作的苜蓿镇纸，能够让人心情舒畅，凝神静气。而苜蓿杯也继承了苜蓿镇纸的独特功效，可以让使用者心静如水。

“最早设计这款苜蓿杯是希望使用者将其作为烛台使用，但是平时用它当普通茶杯也未尝不可。客人能够从自身实际需求出发，开创出更多使用方法，对我来说也是一大乐事。”

在美术大学期间，Iino学习的是雕刻专业。而真正促使Iino对玻璃产生兴趣的，是她曾读过的一本书。

书中有这样一句话：“万物皆可由熔化玻璃塑成。”Iino深以为然，逐渐被玻璃这种材质所吸引。

“学习期间每天就是用黏土制作人偶，再就是学习一些基本形状的素描法。由于我不是玻璃

在杯子底部也设置了一片苜蓿叶。

杯子中间的苜蓿叶也是用玻璃制成的。“有很多人还问我，这得摘多少四叶草才能做成啊（笑）。如果把真的植物放进滚烫的玻璃液体当中，植物立刻就会熔解了，所以必须用玻璃来代替。”

工艺专业院校毕业的，所以在学习心仪作品的制作技术方面可谓狠下了一番苦功。”

想要做成一件心仪作品，技术是不可或缺的。虽说如此，也不是有了技术就万事大吉。对于心仪作品的形象构思能力，也就是所谓的感性同样是必不可少的。

“我认为技术不过是工具之一。虽说工具越精良，制作作品时就会相应地越发得心应手，但是只在工具上下功夫是做不成作品的。如今我回顾之前的制作过程，感性与技术都必须经过不断地修炼、磨砺、思考、琢磨，才能缔造出优秀的作品。”

Iino有一件名为“To the dream”的人气作品。本来杯子上的刻度应该用数字来表示，但这款作品的刻度的位置上却是pure、love、hope、dream几个字体柔软的英文单词。在这一作品中，Iino的设计理念是造型要具有个性，同时还要创造出完美的空间感。

To the dream是一款注重概念性的量产品，然而Iino表示：“既然已经决定要手工制作了，那就让每一件作

苜蓿镇纸与苜蓿家族。

刻度用pure、love、hope、dream标记。这款作品的原型为量杯，因此杯口部分使用红色涂抹。

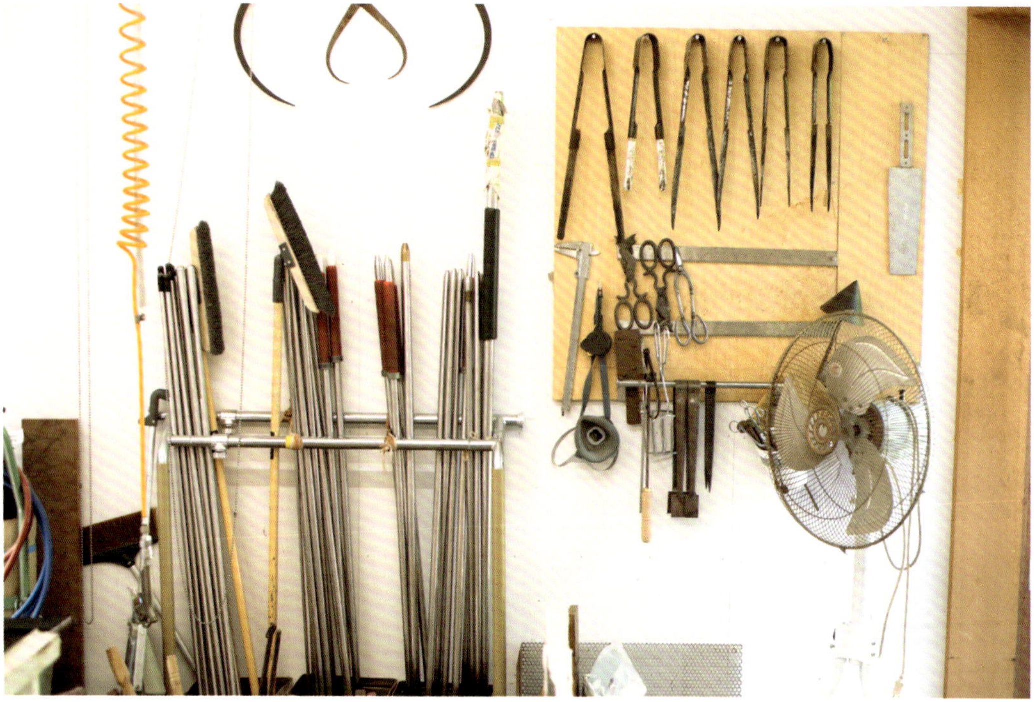

工具摆放得整整齐齐。

Iino说，每当她制作玻璃作品时，都会由衷地感叹玻璃之美。

工坊地址位于东京都一条安静的住宅街内。图为制作中的Iino。

品都形态各异，我也能在制作过程中感觉到乐趣。”每一件作品的造型都十分可爱，在它们身上刻着的仿佛是可以帮助人们实现梦想的魔咒。

不知是不是由于Iino的雕刻学习背景，她所制作出来的作品多少有一些雕刻工艺品的感觉。

“也许能够成为一名手工艺人也是受到我祖父的影响。我从小就在工匠的身边生活，那是一段十分宝贵的经历。如今我又重新体会到了那种感受。”

每当Iino开始构思新作品时，她都会充分考虑到作品的使用群体和使用场景。

“如何将没有实体的模糊形象展现出来？我本人又会被何种形象所打动，又如何将它展现出来？我一直在努力实践。”

Iino的作品中不乏温婉动人、引人入胜之佳作。接下来，她又会用怎样的作品来治愈我们的心灵呢？

To the dream。制作者希望作品能够体现出是一件一件手工制作而成的，因此形态各不相同。

草田正树：

中型钵“凉水”

希望渐渐体会到玻璃本身的乐趣所在

草田正树：1967年生于岐阜县羽岛市，名古屋大学研究生部工学研究系博士预科土木工程学专业毕业。1987年至1997年就职于三菱综合研究所，现移居石川县金泽市，职业为玻璃工匠。曾分别于2000年和2001年获得工艺都市高冈公益大赛银奖和鼓励奖，其作品曾入选日本工艺品展。

针吹法是吹制玻璃方法中的一种。一般说起吹制玻璃，大抵是“宙吹法”和“型吹法”两种，这两种方法均是利用人工吹气的方式来制作，而针吹法与之不同，使用的是蒸汽吹制。这种技法对于制作者来说无疑是一种挑战。在业界，草田被认为是针吹法的代言人，也正是因为针吹法，他在玻璃工匠圈内声名远扬。

草田告诉我们：“针吹法的特点是，完全不借助人工吹气等一切人工力量，而是利用水蒸气来使玻璃鼓胀起来，借助离心力来扩大玻璃体积，依靠玻璃自身重力使玻璃向下扩展。仅利用上述一系列的操作的组合即可做成玻璃器皿，这对我来说极具吸引力。”草田在研究生期间主修土木工程学专业，此后做过智库研究员，还当过作家，拥有非同寻常的人生经历。

“我内心深处希望能够从事造福人类的工作，考虑到设计街区可以给非特定的多数群体带来幸福，我成了一名研究员。另一方面，从我个人角度来说，我一直希望尝试去做一些简单的手工制作，因此在熟人的介绍下开始了玻璃器皿制作。”

他把东京小工业区的一家街道工厂作为自己的实践基地，与在教室里学习不同，他只是借用那一场所进行一些随性的创作。

“到工厂里学习的第一天，工作人员告诉我：‘如果不想成为专家的话，我可以教你针吹法。用针吹法制作玻璃器皿不需要他人辅助，自己就可以完成。’看过他的演示之后，我深感震撼。原来只需要用这么简

草田为我们讲述了针吹法的魅力所在：“如果想使所有作品的形状都相同，依靠吹制玻璃法就难以实现了。然而针吹法有其即兴创作的趣味性。此外，针吹法吹制出的作品有几大特点，就是底部厚、边缘薄，透光性和集光性较一般的吹制玻璃也有微妙的差别。”

平盘“暧雨”，作为艺术品来说也拥有极强的存在感。

单的方法就可以做成一件玻璃器皿。”

从那以后，草田每月都会去一次工厂，在不到两年的时间里，他一边自己摸索，一边制作玻璃作品。同时，受困于自己的工作与自身的实际理想有所出入，草田从公司辞职。为了重拾心情，他在富山的旧民宅中开始了新生活。在那里，他再次与玻璃邂逅。

“通过熟人介绍，我得以在一家租来的工坊内开始了玻璃制品制作生涯。我觉得自己当时希望重新开始人生的心情与玻璃的那种透明感十分契合。当我面对1200摄氏度高温的炉火，像一名真正的火工一样与烈焰对峙时，烈焰又反过来让我深切感受到了一种强烈的生命力。”

随着草田忘我地制作，他房间里渐渐堆满了玻璃作品，作品越来越多，然而却没有什么合适的销售手段，于是草田带着他的作品来到了自由交易市场。那时，有外国友人购买了他的作品，并表示“想用它喝白葡萄酒”，“要用这款杯子喝清晨的第一杯水”。购买者们每个人的使用方法是由他们的价值观决定的，草田对此也深受震动。

“我意识到我所预想的顾客群体太狭隘了。我制作出令自己满意的作品后，对我的作品也感到满意的人可能遍布全世界。如此，我相信因为我的作品而感觉到幸福，哪怕只感受到一点点幸福的人是一定存在的。虽然像这样‘感觉到小小幸福'的人分布在世界的各个角落，但是汇聚在一起，就成了大大的幸福。"

每当草田创作出新作品，他都会绞尽脑汁去给作品取一个与之相应的名字。这是因为，草田希望通过这种方式在下次制作同款作品时，能够回忆起制作过程中的重点在哪儿。

比如，他给最早的作品命名为“风之人”，其中就蕴含着“这款作品结构摇晃，但使用者可以根据实际需求选择将其作为玻璃杯使用”的深层含意。草田告诉我们，当他深思熟虑后，他脑海中浮现出“风之人”这一名字。在他看来，这款杯子的风格十分适合“风之人”来使用。

“有次我到山口县的一个街区去，那里的人介绍我为‘风之人草田’。我本以为他们是想用我所制造的器皿的名字来称呼我，实则不然。后来我了解到，在那片街区，人们习惯把从外地带回新种子的人称为‘风之人’。而与之类似的，每天面朝黄土背朝天的农民们则被称为‘土之人’。那时我便希望自己能够成为‘风之人’，能够为每天辛勤劳作的人们带来最新的种子。"

最后，草田向我们娓娓讲述，今后他还将继续使用针吹法制作出更多优秀的作品。

“站在同一位置观察河流，难以看出任何变化，然而水本身的确是在变化的。我今后也将继续前行，变成与10年或20年前的我不同的‘风之人’。"

“风之人玻璃杯”也是草田最早期的作品。

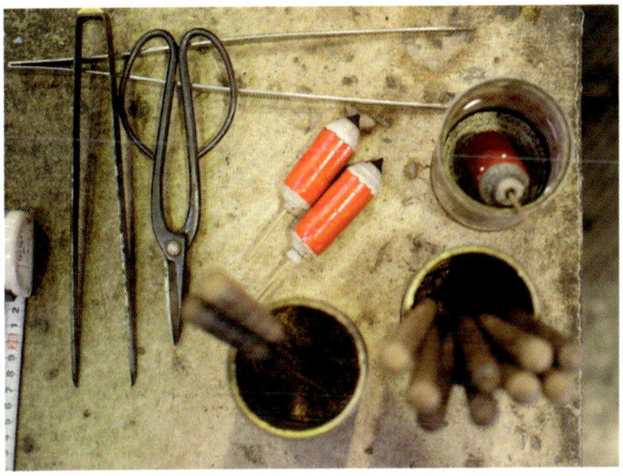

草田正树使用的工具。

工坊见习

借助针吹法制作玻璃器皿

演示：草田正树

草田正树向我们展示如何利用吹制玻璃技法中的针吹法制作玻璃器皿。

用长杆在窑罐中卷取熔化的玻璃，并将玻璃调整成球形。

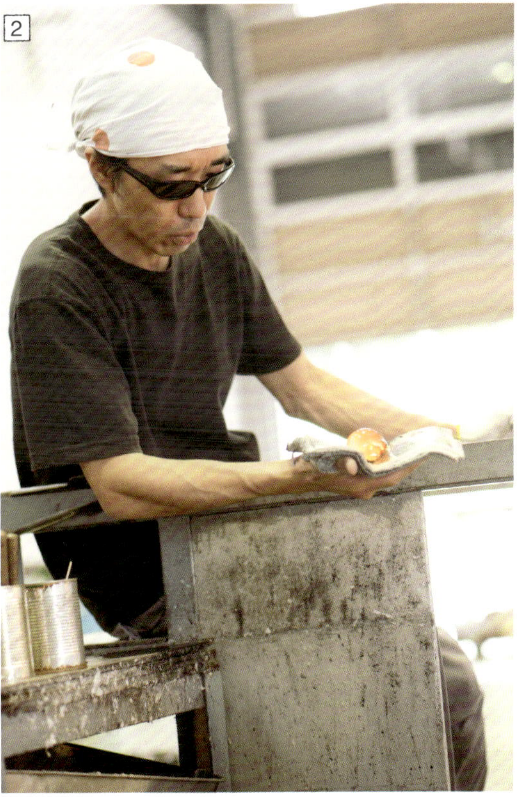

借助用水浸湿过的报纸，规整玻璃形状，使之中轴竖直。

3

用针在玻璃顶部扎孔（玻璃温度还很高，因此略微呈红色）。

4

在针孔内注入蒸汽。这一步中借助到的工具是一段卷成圆柱状的报纸，由草田自制而成。

5

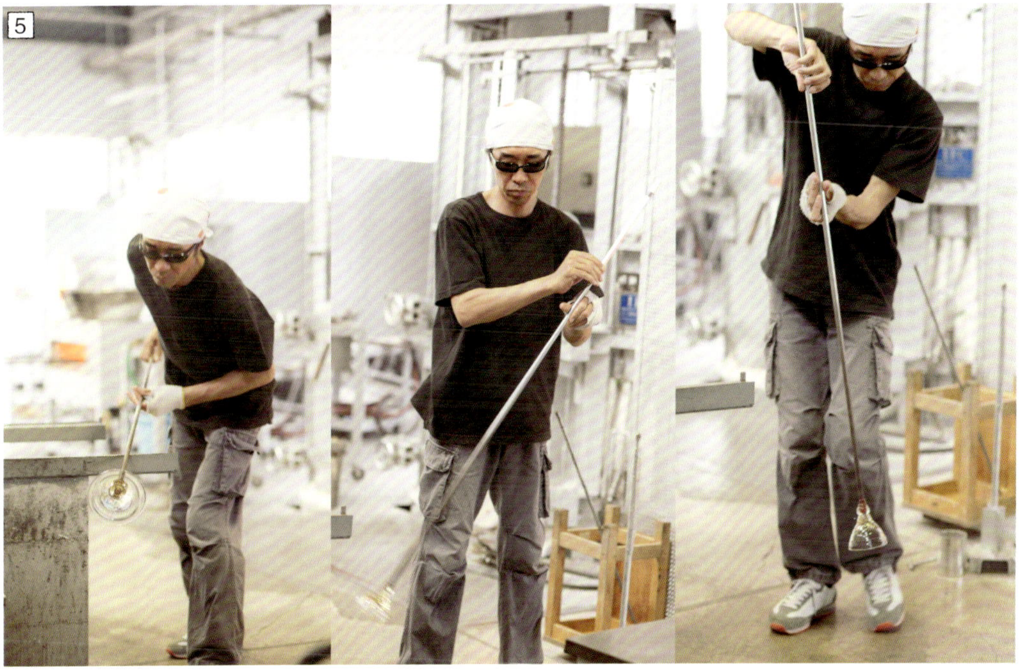

旋转杆子并朝各个方向移动。

6

玻璃再次加热后会变软，这时再旋转杆子并朝各个方向移动，玻璃就能变成我们心仪的形状。

各种各样的玻璃器皿

第一部分 盘子

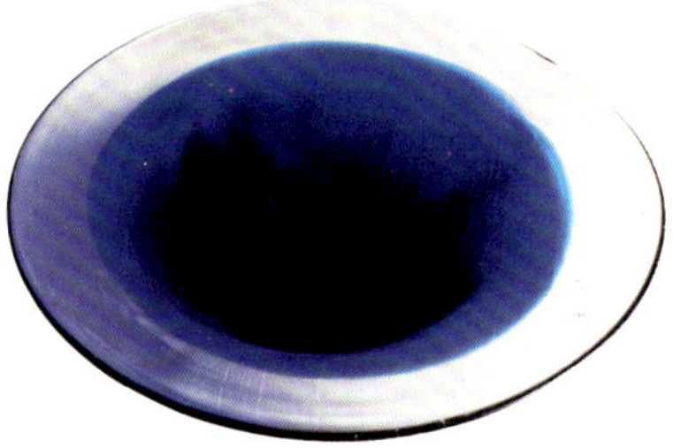

圆水盘
小野田郁子

豆盘
土屋琴

花车纹小碟
中村小春

兔花纹椭圆小碟
中村小春

绽放与流动（小碟）
草田正树

小盘
西山芳浩

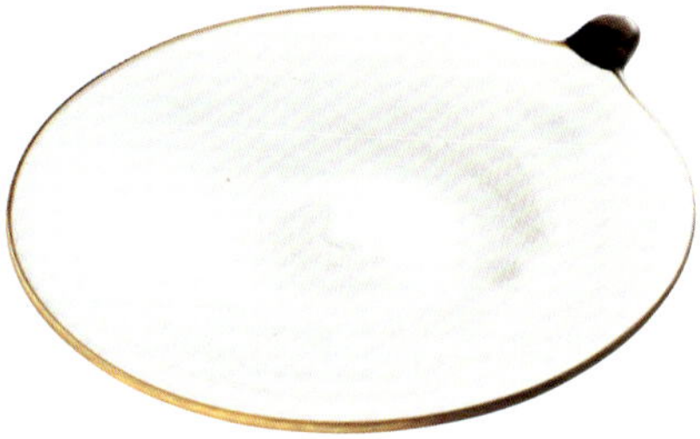

dewplate
Fresco（辻野刚）

SUNS
Iino Naho

三足盘
LOBSTO（池田章洋）

暖雨（平盘）
草田正树

椭圆盘
西山芳浩

四角盘
原光弘

江波富士子：沙拉碗“影画”

展现一个万花筒般色彩斑斓的世界

江波富士子：1992年毕业于多摩美术大学设计系玻璃课程班。在富山玻璃造型研究所进修后，1995年又赴美国海斯塔克夏季学校学习，1995年至1997年就职于美国柴达木玻璃杯公司。1998年与玻璃工匠小西潮一同开设玻璃工艺潮工坊，地址位于神奈川县三浦市。2011年在三得利美术馆中开办“朦胧的威尼斯玻璃艺术品展”。

这款“影画”沙拉碗的制作灵感源于江波富士子童年偶像藤城清治的画作。江波除了使用它盛放沙拉之外，有时也会用它盛放面包或水果。这款沙拉碗与餐桌整体契合度高，用途也多种多样。

这款沙拉碗会给人带来舒适的静谧感和复古的温柔气息，令人印象深刻，如同在欣赏影画一般。

如此精美的器皿，出自玻璃工匠江波富士子之手。她说，这件器皿的制作灵感来源于令儿时自己深受感动的一本影画绘本。江波制作的玻璃器皿都是由一个个小部件组成的，这也是她作品的一大特色。做到这一点，运用到了威尼斯玻璃技法之一“穆里尼”。

所谓“穆里尼”，就是将制成金太郎糖果（长条形糖果）形状一般的长条玻璃切割成约5毫米的小棒，将200至2000个小玻璃棒组合烧接，再用吹杆卷起，最终加工成器皿的复杂技法。手工制作的第一道工序就是将玻璃加工成金太郎糖果状玻璃棒，无论工序有多么复杂艰难，江波都一直在默默地坚持着。

“我从高中开始就立志从事陶艺工作。放暑假的时候，我会到陶匠的工坊中去帮忙。然而当我在一场展览上看到一件玻璃工艺品的瞬间，我被它深深打动了。让当时的我倍感震惊的是，如此精美的作品竟然

从不同角度看去，可以观赏到不同景象。完美无缺的细腻度，加之精雕细琢的技法，江波手工制作的器皿宛然拥有着可以打动人心灵的美感。

当光透过这款美丽的高脚玻璃杯，杯身玻璃的透明部分和有色部分会产生鲜明的对比。“这款杯子也许更适合用来饮用淡红色的葡萄酒，然而在我家里一般用它来饮用紫苏汁。”为我们提前准备了紫苏汁的江波如是说。

江波用作自家装饰的花瓶“土耳其的天空”。在江波家里，玻璃器皿不仅能在餐桌上看到，用作室内装饰的也不在少数。

玻璃工匠江波富士子。与吹制玻璃的工坊不同，江波在自己家一角也设有可以集中精神坐下工作的空间。桌子正前方颜色各异的玻璃棒，按照颜色和种类细致区分摆放。江波怀念地说：“这与我母亲以前收纳刺绣线的感觉是一样的。”

（1）先制作零部件（上数第四行，右数第三列的红色三角形图案就是本次所介绍工程中所要用到的部件之一）。（2）陶土加水制成泥，用刷子刷薄薄的一层在铁板上，将部件切成等大的小粒，利用陶泥将其粘在铁板上。（3）在空隙间填满加热的干净玻璃以固定。（4）再卷取干净玻璃，借助玻璃的热量，在不破坏花纹的情况下加工出矩形形状，这样一来就制成了中间带有花纹的立方体玻璃柱。（5）加热玻璃柱，两侧分别安排工人来拉动玻璃柱使之变长。根据具体情况和制作对象，可以将玻璃柱加工成相应的粗细尺寸。细可至4毫米，粗可至1厘米。

（6）将玻璃棒切割为5毫米的玻璃颗粒。这种玻璃颗粒就被称为“穆里尼”。在刷过一层薄陶泥的铁板上，可以根据自己心仪的设计方案摆放多种玻璃颗粒。

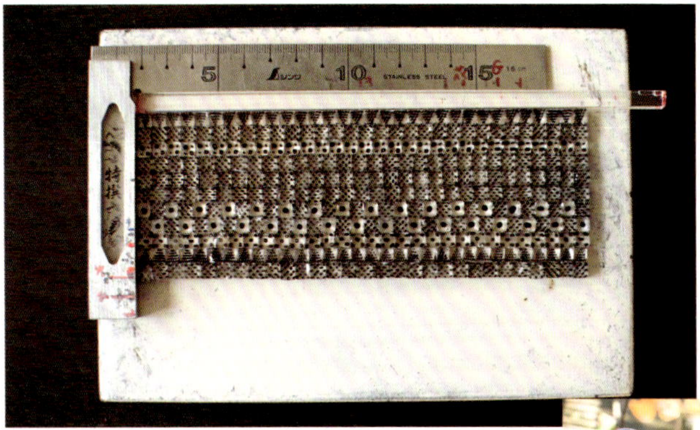

（7）5毫米的玻璃颗粒整齐地排列在铁板上。这里共使用了5种不同的玻璃颗粒。如此并排摆放的玻璃颗粒经加热后会合为一体，变成一整块带有花纹的玻璃板。

（8）继续加热玻璃并用吹杆卷取，吹制塑形。

（9）玻璃棒制作完成，就像金太郎糖果一样，随意切割，截面花纹都是一样的。

盘子中仿佛是万花筒般的斑斓世界，让人不可思议。玻璃颜色不同，对热量的反应效果也不同，因此在使用“穆里尼”技法时，对于每一种不同颜色玻璃的特性都要十分了解，这种经验是必不可少的。

爱猫花户喜欢用的玻璃杯。

是用玻璃打造而成的，我甚至在那件作品前呆立许久。”

此后，江波便在美术大学中选择玻璃作为专业。江波在学生时代曾阅读过一本与玻璃相关的书籍，并被其中的“穆里尼”作品深深打动，也对这种技法产生了浓厚的兴趣。

“‘穆里尼’技法就像十字花针脚的刺绣一样，这也是我对它兴趣十足的一大原因。可能也是受我母亲的影响，我小时候就十分喜欢母亲做刺绣时的身姿，在她身旁分门别类地摆放着几十种刺绣线，十分美观，让人赏心悦目。”

此外，江波似乎也认为自己十分适合这种工作风格。

“高中时期的暑假我在陶匠的工坊中工作，那时我自己一人在工坊中制作筷笼，我当时感觉那里仿佛就是我的归宿。我认为在安静的工坊中，一言不发地进行手工制作，这才是我应该属于的世界。虽然‘穆里尼’技法需要在椅子上久坐，长时间进行精细化作业，然而我觉得自己仿佛就置身于我本应该属于的那个场景中，制作过程中那段安静的时间，对我来说更是一种享受。”

结束在美国的学习生涯后，江波与玻璃工匠小西潮共同开设了一间工坊。虽然如今江波已经成了一名拥有大量拥趸的著名玻璃工

利用前述制作流程制成的玻璃杯。

匠，但据她所说，她也曾有过为作品风格而苦恼的时期。

而支撑江波坚持下来的转机，是她在2011年收到三得利美术馆邀请，希望她在“朦胧的威尼斯玻璃艺术品展”中展示自己的作品。

“一般工匠在制作美术馆展出作品时，都会想要挑战大件的作品。然而策展人希望我制作一件‘与平时个展风格相同，小巧精美的禁欲系作品’。正是由于策展人委托我制作贴近生活的优质作品，才给了我相信自己作品没问题的勇气。”

于是江波便制作了由98个小玻璃杯组合成的作品，名为“雨后彩虹”。

“我能感受到策展人的想法，他希望我做出在众多优秀作品中最为突出的那一件。即尽管所有作品都很优秀，但购买者真正想要的却只有我制作的那一件。这让我再次相信，那件被人所渴望的作品一定要能够与艺术大作相媲美。我从使用者和收藏家们那里得到了一些反馈，也逐渐明白，无论是制作器皿作品还是主题造型艺术品，只要是能够打动人们的心灵的就是好作品。我今后也想制作精美的作品，让使用者因为拥有它而感到深深的喜悦。”

应客户要求而制作的茶道专用茶碗，枣形茶叶罐和茶勺也都是由蕾丝玻璃制成的。小西潮告诉我们：“茶道中有翻转茶碗的动作，因此必须在茶碗上设计能挂住手指的区域。从制作技法角度来说，陶制茶碗一般会有一个高底座，但是，我们的玻璃茶碗没有这样的设计，而是在碗底设置了类玻璃结构，希望能起到相同作用。其整体形象如同小果盘，且底部带有杯脚。”

小西潮：

蕾丝茶碗

体态优美，雍容华丽，苛求色彩，方成名器

小西潮：1989年毕业于中央大学文学院历史学系，后进入富山玻璃造型研究所深造，毕业后就职于汤之国森林玻璃工坊，此后赴美。1994年开始就职于美国柴达木玻璃杯公司。1998年与玻璃工匠江波富士子一同在神奈川县三浦市开设玻璃工艺潮工坊。

两组颜色重叠的花纹是根据春夏秋冬的形象设计出来的。当光线透过杯子，就可以观测到蕾丝的美丽花纹。

从右至左分别为蕾丝玻璃杯、蕾丝盘（上）、蕾丝椭圆盘（下）、蕾丝小花瓶。小西潮十分注重作品的色彩、花纹以及形状的完美平衡，他告诉我们，“玻璃杯的花纹简单一些即可”，“小花瓶最适合在统一设计的基础上施以复杂的花纹”。

这款茶碗是玻璃工匠小西潮为茶道使用专门打造而成的。看到这款茶碗时，我们会在不经意间被其纤细线条所组成的精美蕾丝花纹所深深吸引。静谧的粉色和抹茶十分搭调，和非和，洋非洋，一种独特的优美气质氤氲在它周围。

小西潮所创作的玻璃器皿运用了蕾丝玻璃技法。蕾丝玻璃技法是吹制玻璃法的一种，也是威尼斯玻璃的代表技法之一。由于过去在威尼斯工匠中，也只有极少数的人精通这种技法，因此蕾丝玻璃技法被奉为秘术，需要十分高超的技巧才能实现。

“我希望制作出的作品能够充分运用色彩。蕾丝玻璃技法的精髓就在于通过组合色彩，最大限度地丰富作品的表现力。我认为用细线条的组合来融合色彩，既是蕾丝玻璃技法的一大特长，也是它的乐趣所在。此外，由于我比较推崇使用色彩的同时保持作品的透明感，因此我并不过分主张作品的华丽性。正是在这样独特的美感中，我感受到了魅力所在。”

蕾丝玻璃上纤细的线条究竟是如何诞生的？

难道是在玻璃上画出来的吗？这真是让人费解。事实上盘子的所有原材料都是玻璃的，如果把玻璃制品比作编织工艺品，那么编织玻璃制品用的线就是蕾丝玻璃棒（带有蕾丝花纹的玻璃棒）。因此，制作蕾丝玻璃器皿的第一道工序正是从设计并制作蕾丝玻璃棒开始。

蕾丝玻璃棒都是由白色玻璃棒和彩色玻璃棒组合制成的，然而小西潮连原材料彩色玻璃棒都要亲自挑战制作。在经历过多次尝试后，属于小西潮自己独创的“小西色”——黄绿色、小豆色和金属绿色诞生了。

“通常情况下，我们都会使用德国产的彩色玻璃棒，然而只要是使用了成品，永远算不得真正的独创。我便开始考虑有没有可能设计出带有我自己固有风格的颜色。随着这种想法越发强烈，我开始尝试运用我独创的色彩来进行玻璃棒的制作。”

大学毕业之后，小西潮又进入玻璃工艺学校深造。此后赴美，在位于波士顿近郊的柴达木玻璃杯公司积攒

工坊一角储藏着的蕾丝玻璃棒，全部都由潮工坊手工制成。

实际工作经验。小西潮大学期间的志向是成为一名教师，然而他同时对色彩缤纷的玻璃十分喜爱，回顾过去，每当家里有人过生日时，他便会赠送波希米亚风的玻璃杯作为礼物。

“柴达木玻璃杯公司的老板是一位以组合色彩见长的工匠。不仅在艺术层面，在作为一个工匠的立场方面我也受到了很大的影响。他最反感别人问他已经入行多少年，因为在他看来，新入行的工匠也拥有着最新的技术，因此并不是入行时间长就一定是好事儿。他总是有他自己的想法，认为如果没有升华技术的方向，就很容易懈怠和疏忽，而技术这种东西本身就是公开的。他的观点给我留下了深刻的印象。于是对色彩有些执拗的我开始踏上寻找属于自己的色彩的道路。”

对于小西潮本身而言，蕾丝玻璃顶多算是一种技术手段而非制作目的。他在明确认识到这一点之后，便开始着手研究玻璃的表现形式。

“当我一看到古朴又带有力量感的造型，就想将其制成玻璃制品。玻璃需要的是什么？寻找关于这一问题的答案，也许就是对于我来说的‘造物’。”

使用在小蕾丝盘中的黄绿色是小西潮原创的颜色。将盘子置于白色背景中，盘子的红色便会显现出来。

放在黑色的背景中，红色便会消失，取而代之的是黄绿色。

潮工坊位于神奈川县三浦市，距离海边很近。小西潮和助手有时会在下班后带着爱犬到海里泛舟娱乐。

蕾丝玻璃花纹分为螺旋纹状、交叉网状以及平行线状三种。
图中三款花瓶均采用平行线状蕾丝玻璃制成。

工坊见习

使用蕾丝玻璃制作玻璃杯

小西潮向我们展示了从制作蕾丝玻璃棒开始到制成玻璃杯的全过程。

上半部分：制作蕾丝玻璃棒

作为蕾丝原料的玻璃棒。

先用铁杆卷起少许玻璃，在其中心部分放置步骤一中的玻璃棒。

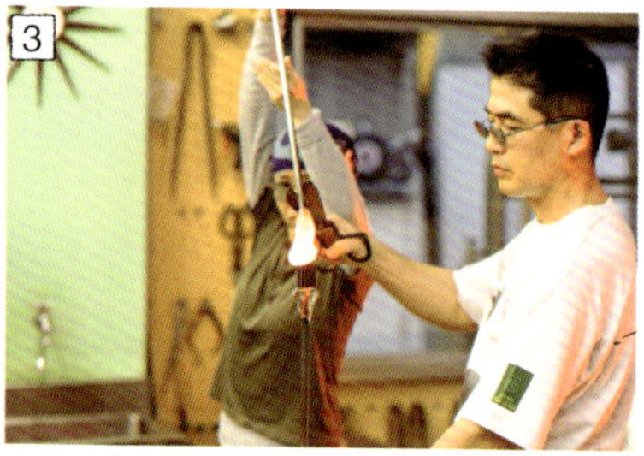

为了不使中心部分玻璃棒被烧坏，将其适度冷却，然后从顶端向下浇灌熔化液态玻璃，将玻璃棒封闭其中。

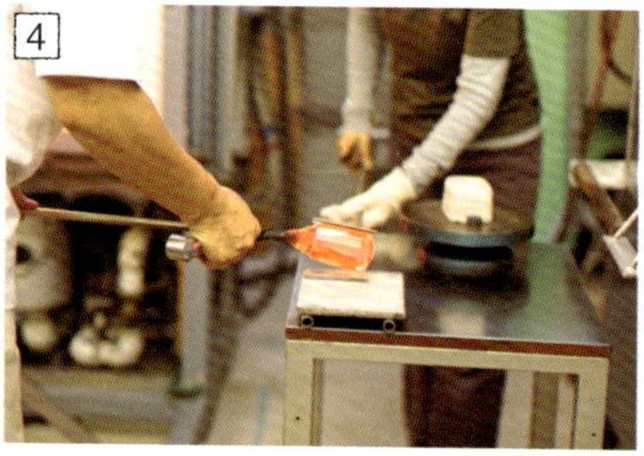

塑形后，将作为外侧花纹的玻璃棒螺旋卷曲。

不时调整，保证玻璃维持在铁杆的中心位置。

6

将铁杆顶端带花纹的玻璃塑为圆柱体，适度加热。另一边的助手在另一根铁杆的顶端卷曲玻璃，使其顶端成为圆盘状。

7

适度加热后，将助手制作的圆盘状玻璃与玻璃本体整合。

8

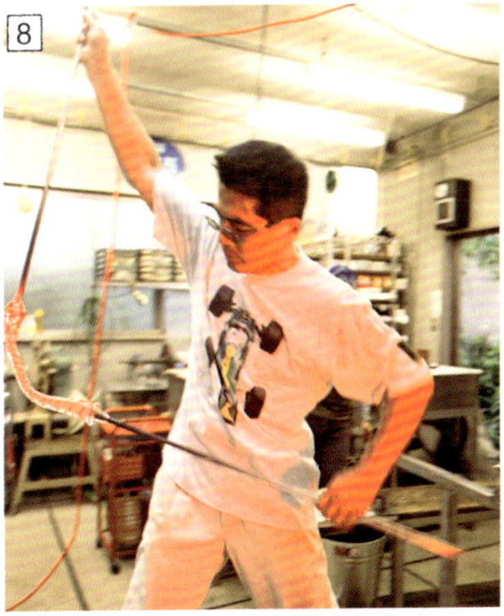

从两侧一边快速扭转玻璃一边将其缓缓拉长。

9

扭转调整粗细，另一端的铁杆交给助手操作。

10

继续拉长玻璃。玻璃会缓缓下沉弯曲，由于温度下降后玻璃会定形，因此这一步骤需要极为迅速地完成。观看这一步骤就好像是在现场观看体育比赛一样。在这一状态当中处于正中部分的玻璃会随着温度的降低黑白分明。小西潮告诉我们：“如果卷曲的步骤完成不好，玻璃杯就无法成为合格的原料。因此这一步骤是决定能否最终制成合格作品的关键作业。”

11

成品玻璃棒的长度在3米至5米之间。在两端拉动玻璃棒的人必须配合极为默契才能完成工序，这一步骤对腕力和体力都是极大的考验。

下半部分：
用蕾丝玻璃棒制作玻璃杯

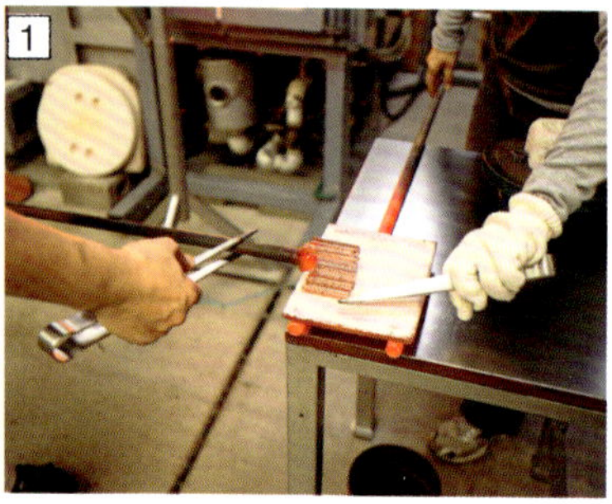

将制好的玻璃棒按照玻璃杯的高度进行切割。切割好的玻璃棒横向并排放置并熔接到一起。在长杆上蘸取少许熔化玻璃，趁热将蕾丝玻璃棒卷起。

将卷取好的玻璃棒放入窑炉加热，使其成为整体。

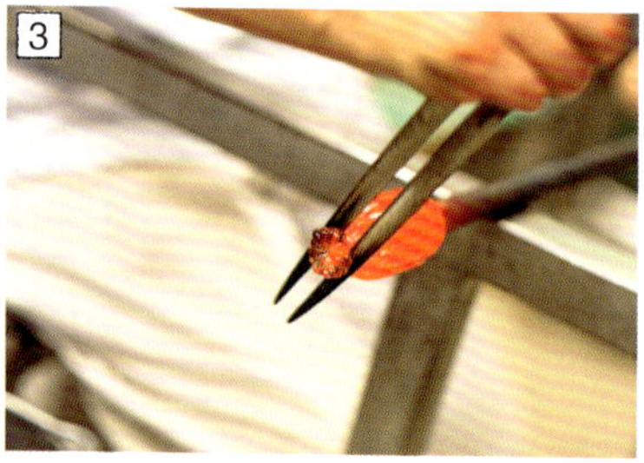

将筒状玻璃顶端部分锁定，剪除（这一部分会成为玻璃杯底）。

趁着玻璃的温度还没下降，尽快塑形。虽然在这一步骤中玻璃已经被加工至初具玻璃杯模型的程度，但是表面还不平整。

已经处理平整的玻璃杯表面，可以看到美丽的蕾丝花纹。

锁定玻璃杯杯口部分。

更换一根长杆，然后给玻璃杯开口。

将杯子从杆上取下，将杯底部分处理干净，玻璃杯就做好了。

制作完成，小西潮与爱犬堇色合影。

各种各样的玻璃器皿

第二部分 钵

棱角小钵 · 橄榄
小野田郁子

彩色口螺纹钵
清天工坊（松田清春）

椭圆纹饰钵
西山芳浩

月之轮（平钵）
草田正树

木星（筒钵）
草田正树

向付
（译者注：日本料理中置于饭菜对面的器皿，通常盛放山椒味噌之类简单的食物。）
原光弘

波动浅钵
原光弘

哥斯拉色竖线条碗
小西潮

Retty Cielo碗
小西潮

Quiltbowl
Fresco工坊（辻野刚）

1.9m 碗
Fresco工坊（辻野刚）

浅钵
吉田顺子

深钵
吉田顺子

小钵
吉田顺子

西山芳浩：

棱角小瓶

外观波动感十足，造型惹人喜爱，极具治愈性

西山芳浩：1979年生于日本爱媛县。曾于函馆玻璃工坊和SUWU玻璃工坊工作，也曾在播磨玻璃工坊做过专任讲师、在金泽卯辰山工坊从事过研修工作，后自立门户。

棱角小瓶。每一尊小瓶的形状都极具个性，风格也各不相同，也许正因如此，给人以强烈的生命感。

金泽市中心距离里山并不算远，仅仅30分钟左右的短途车程，就可享受到里山雄伟壮观的自然风光。在这片返璞归真的自然环境中，矗立着一间金泽市为支持年轻工匠进行创作活动而建的牧山玻璃工坊。不论县内县外，这间工坊为多位工匠所使用，其中就包括西山芳浩。

西山的作品常被称为“波动之器”。利用将熔化的玻璃吹入金属模具内的“型吹法”这一技法，给玻璃表面附上了一层柔软的凹凸花纹，那凹凸花纹看起来就像水波般波动不止。这种令人愉悦的表现手法，与“波动”一词极为契合。

西山十分喜爱作品的波动感，在他的作品中，最受欢迎的便是棱角小瓶。

“当我最开始学会吹制玻璃技巧时，制造出来的作品造型都十分生硬，这让我深受困扰。如果意识层面崩塌了，那么我必然无法静下心。最终，我决定反过来利用玻璃受温度和吹气方法不同而发生形态变化的特性，反复尝试型吹法。”

形状平坦的瓶子，对外部线条和内部厚度有一定的要求。因此，每一个瓶子的外观差别都十分明显，个性也能够展示得淋漓尽致。此外，制作瓶子并不需要像制作盘

玻璃工匠西山芳浩。在天朗气清的日子里，西山会到工坊之外吹吹和煦的风，享用自己的午餐。这一天，西山装盛三明治所用的是削边中型盘。

削边中型盘与削边玻璃杯。杯身花纹雕刻细致，阳光透过杯身，熠熠生辉。它们与波动系列的玻璃器皿相比又是另一种美感。

俯视棱角小瓶，可以看到瓶身水波流动般的质感。

缓慢转动杆子，塑造器皿形状。

西山在工坊中工作。独立初期，他会因为没能做出形状规整的作品而闷闷不乐。然而自从他开创出波动系列，制作玻璃器皿就开始变得妙趣横生。

由于给玻璃塑形必须赶在玻璃温度下降之前完成，这无疑是在与时间赛跑。

或钵那样过多考虑实用性，制作过程更自由。

“瓶身稍稍倾斜，瓶壁厚度不一，我认为任由玻璃随意运动产生的变化是十分有趣味的。基于这种考虑，每一件作品的形态都不相同。在多次尝试之后，我开始考虑在更多不同类型作品中实现这一设想。于是，就制作出了包括波动玻璃杯在内的波动系列。”

虽然现在西山的工作地点位于金泽，但他的故乡是砥部烧的产地，爱媛县砥部町。西山从儿时开始便对陶艺有着十分浓厚的兴趣，之所以选择成为一名玻璃工匠而非走上陶艺道路，西山表示是因为“从玻璃中能感受到新鲜感”。

“然而，我也并不讨厌陶艺和古物。有时我去地方开个展，看到当地的古器物，也是十分高兴的。”

西山从早到晚醉心玻璃制品研究，希望能够参考陶艺技巧来制作玻璃作品。陶艺中的“切雕”法，简单说来，就是在作品表面削刻出纵向的纹路，是一种可以给作品带来特色的设计手法。

茶杯内倒入茶水的状态，玻璃表面看起来如水波荡漾。

牧山玻璃工坊曾经是一所小学。校园和体育馆还保持着原来的风貌，曾经的教学楼现在已经变成了工坊。本章中介绍的草田正树等人也在此地开展制作活动。

“将熔化玻璃放进模具，使其定形期间，借助长杆向玻璃内部吹气。根据吹气情况的不同，玻璃从模具中鼓胀出来，展现出自然的形态。我觉得利用这种鼓胀形成作品的花纹是一件十分有趣的事情。”

西山为了尽可能使作品呈现出他想要的形状，亲自制作了原始模具（在型吹过程中给玻璃表面塑造轮廓花纹的模具）。于是，削边玻璃杯便应运而生了。

西山的作品不仅外观精美，拿在手中的触感也是极佳。“大家称赞我的作品精美，我自然十分高兴，但如果大家能够喜欢使用它们才是最让我开心的事情。我接下来还想继续制作让大家喜欢使用的玻璃器皿。”

波动系列厚壁玻璃茶壶。在波动系列的杯中倒入水或其他饮品，底部就会显现出花纹。

原光弘：

酒壶

将可活动的框架结构与不易碎的特性作为终极目标

原光弘：1962年出生，长于大阪府岸和田市。1987年进入小樽玻璃工坊工作，师从浅原千代治。1998年在大阪府岸和田市筑窑开设“玻璃工艺梦幻屋”。作品曾在日本现代玻璃展、札幌麦酒器展、工艺都市高冈手工艺展以及朝日现代手工艺品展展出。

红玉酒壶。壶口处为防止碎裂精心处理，设计感与实用性兼具，是颇具原光弘特色的一款作品。

玻璃工匠原光弘所制作的玻璃器皿颇具动感。比如，一看到带有红色点缀的可爱酒壶，就能联想到大口喝酒的景象。酒壶自然的曲线，仿佛完全就是在模仿流水的波动感。

“使用1300摄氏度的高温，将玻璃加热至熔化状态，然后即可一边吹气，一边塑形。在每天与玻璃打交道的过程中，我感觉玻璃就像生物一样，也是会运动的。有的时候，我会有意识地任由玻璃发生形变，却造就出了美丽的波动感。我最终领悟到，这种表现形式并不是故意让玻璃的形状不受控制，而是利用玻璃本身特质而实现的。”

虽然是任由玻璃改变形状，但也不是守株待兔般完全放任不管，等待它发生偶然的变化。而是要在摇动吹杆的过程中，捕捉到玻璃形态最佳的时刻。这依靠的便是原光弘作为一名玻璃工匠的感性以及炉火纯青的技巧。

“因为希望使用者每天都会用到我的作品，我决定使用透明玻璃制作出百看不厌、设计简单的作品。”

虽说设计简单，但是如果作品的造型只是稀松平常，也一定不会受到消费者的青睐。原光弘希望制作出有别于其他玻璃工匠的独特作品，而不是那种给人感觉千篇一律、似曾相识的作品。在仔细琢磨如何能够让设计风格既简单又

原光弘代表作“酱油壶”，很多粉丝被其优美的轮廓所吸引。这款酱油壶除了装盛酱油之外，还可以用来装盛橄榄油、醋等调料，用途广泛。

原光弘与妻子共用一个工坊，他的妻子是制作玻璃珠的工匠。图为原光弘和妻子一起喝茶休息，盛放蛋糕的器皿为原光弘亲手制作。

壶口处用红色圆球加以点缀封口，陡然增加了作品的独创性，使作品中洋溢着使用的趣味性。

利用工具调整壶口的方向和大小。由于玻璃在温度低于500摄氏度时便会凝固，因此可以说这是与时间的一场战斗。原光弘动作麻利，擅长顺势判断。

借助吹杆吹制，将形状吹至一定程度后，利用工具或手工进一步塑形。

制作酱油壶。伸入剪刀，剪开壶口部与壶盖部。

即将完成的酱油壶。

这件作品名为“三脚花瓶”，也有很多人用它盛放沙拉酱。原光弘一有空闲时间就会去欣赏其他领域的工艺美术作品来刺激自己的灵感，这件作品就是他受到陶匠作品的启发制作而成的。

家用出镜率颇高的小碟子。原光弘家中一年四季都使用着大量的玻璃器皿。

不失特色后，原光弘找到了答案，那就是赋予作品波动感。

了解原光弘制作的器皿后不难发现，其中不乏命名颇具动感的作品，如“波动浅钵”“波动酒杯”“波浪玉脚大杯”，等等。他的作品之所以受到广泛欢迎，不仅是因为动感的曲线所折射出的光线极具美感，也是因为使用起来的确十分顺手。

无论在设计层面下多大苦功，只要是使用起来不方便，玻璃器皿早晚会被打入冷宫，最终远离餐桌。按照常理，设计师在设计作品时应该兼顾设计感和使用感，也就是所谓的功能美，然而原光弘却更加在意作品的使用感。

原光弘告诉我们，在制作出酱油壶之后，他立刻开始对其是否漏液、握持是否不便等问题进行逐项检查。

最忙碌的时候，他从早到晚几乎一刻不停，一天就做出了60多件相同作品，这对体力是极大的考验。“有的时候一天做出来60件，但有40件都被我扔掉了。我希望客户们是因为信任我才来买我的作品，因此不能辜负他们的信任，这就是工匠的责任精神。”

三脚大杯也是原光弘的代表作之一。

原光弘告诉我们，从最初开始制作一直到现在定形，经历了无数次的尝试与失败。最需要解决的问题自然就是如何保证酱油壶不漏液。如果将壶口设计成尖锐的形状，自然可以轻易克服这一难题，然而这样一来，用户就有在使用过程中被划伤的危险。原光弘在反复研究既有作品后，决定将壶口朝向由朝上改为朝下，并且进一步逐渐调整壶口角度至最佳位置，最终升级成了使用感更佳的一款作品。

原光弘说道："要想坚持下去，就一定不能轻言放弃。"

"之所以想到用透明玻璃制作动感十足的作品，一是利用了玻璃本身的特性，二也是由于我自己十分享受制作玻璃制品的过程。兴趣永远都是最强劲的动力。"

薄哈利系列。薄哈利系列作品的制作理念源自与日式料理相契合的“和现代”理念。

松德硝子：

薄哈利玻璃杯

运用制作精密仪器所需的匠人技巧，完美贴合唇形

松德硝子：生于1922年，起初从村松庄太郎手中接过灯泡用玻璃制作工厂进行创业，后转行制作玻璃器皿。自此以后，松德开始沉醉于匠人的手工艺作品，制作了数十种手工玻璃器皿。在1989年开创个人品牌薄哈利系列并大获成功。2003年于纽约礼品博览会上获得设计元素最佳作品奖。

薄哈利杯中装着大吟酿。为了让使用者更愉悦地享受到酒的香气，工匠多次试验杯口的尺寸。通过凸起的杯底设计，摇晃倾斜酒杯后，能够进一步体验到吟酿酒芳醇的味道和香气。凸起的杯底自然也是由工匠手工实现的。

薄哈利系列并非供日常使用的器皿，为填补这一空缺，“KATACHI”系列便应运而生。斋藤表示：“所有成品的最终形态中都蕴藏着匠人精神。”

薄哈利玻璃杯的厚度仅为1毫米，大多数人拿起它的瞬间，不禁会怀疑它是不是由塑料制成的，然而下一秒便会恍然大悟。它仿佛是可以被吸附在手上似的，拿起它的人便会感觉到这并不是一般的杯子，于是调整情绪，认真地用它装盛一杯酒品尝，甚至会觉得比平时喝起来还甘醇许多。这也许正是因为薄薄的杯壁带来的柔和口感，再加之玻璃材质富有光泽，会使酒看起来更赏心悦目。

薄哈利玻璃杯的推广开发人员斋藤能史告诉我们：“杯壁足够薄的话，与嘴唇相接触时的异物感便会减轻。也正是因为如此，薄哈利玻璃杯深受好饮酒的使用者所喜爱，他们认为这款杯子可以让酒更好喝。”

松德硝子大概从1990年开始创业，创业起点是开办灯泡用玻璃的生产工厂。

后来连灯泡这一本由工匠手工吹制的玻璃零件都开始进入了机械制造的时代，松德便转行开始制作玻璃器皿。由灯泡制造工艺衍生出的薄吹玻璃制造工艺后来发展成了东京的区域产业，被称为“江户硝子”的玻璃器皿深受日本料理店和饭店的喜爱。

“在烟花巷文化较为发达的小工业聚集地区，喝啤酒用的‘口杯’作为灵魂般的器皿十分流行。松德本人就是有名的大酒量，有次一位客人觉得酒一口就喝完并不够过瘾，于是松德便产生了制作薄哈利玻璃杯的想法。”

然而这款酒杯并没有迅速量产，而是经历了数次失败，直到1989年才最终成形，理想的薄哈利杯诞生。由于“玻璃”在日语中的读音为“哈利”，因此这款薄壁玻璃杯就被命名为薄哈利杯。

松德硝子自创业以来坚持一个原则不变，那就是所有的工程都必须由工匠手工完成。我们在参观工厂时发现，用来熔化玻璃的方形窑炉旁，十几名吹制工匠严阵以待，熟练地操控着吹桨（松德硝子习惯使用“桨”字而非“杆”字），一个接一个地制作玻璃杯。制作过程一气呵成，没有任何多余动作。正如斋藤告诉我们的那样，“吹制工匠们将进行操作的窑炉周围称作‘舞台’”，工匠们身手矫捷，动作干净利落地操控着烧得火红的玻璃，就像是在压力感十足的舞台上表演。

松德认为“所有人既是工匠也是质检员”，所有的作品都依靠人眼一件一件精挑细选出来。就连将玻璃杯横断面打磨平整的刷制工序和控制杯口位置的最后一道工序“烧口”也是纯手工完成的。

“与一般的吹制作业比起来，我们的工序看起来朴实很多，然而为了做出高品质的玻璃杯，匠人细腻的感觉和熟练的技法都是必不可少的。能会集如此优秀的工匠，向世人展示薄哈利系列，正是令松德硝子十分自豪的一件事情。”

为纪念创业90周年而制成的“本所七不思议和吞食怪谈”。此作品以松德所在墨田区的志怪故事为题材，与喜爱志怪题材的艺术家合作设计而成。这种游戏人生的心境也是松德的魅力之一。此作品题字者为京极夏彦。

笔者向斋藤提出申请，希望在工厂参观学习制作过程，斋藤欣然应允。他笑着告诉我们：“当然没问题，因为在我们这里没有商业机密这一说。”诚如是，真正无价的是匠人们出神入化的手工技巧。这让我再次感受到，如同薄哈利玻璃杯这样的精品，只有下了苦功培养出这样一批优秀工匠的松德硝子才能创作出来。

此外，松德家族第三代传人村松邦男社长所说的“器皿归根结底是配角”这句话也令人印象深刻。也许正是这种技术世代传承，深谙配角之道的老牌店铺，才能为世界献上能够为饮食增色的优质玻璃作品。

工坊见习

借助吹制法制作玻璃杯

笔者在松德硝子的工厂参观学习了“薄哈利”的制作工序，并为大家介绍工匠们手工制作玻璃杯的流程。

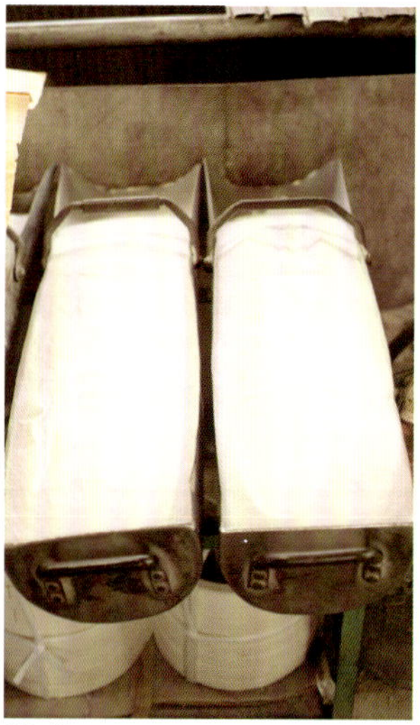

材料

材料的选取对于薄玻璃的透明度也是十分重要的。玻璃的主要成分是硅砂，制作薄玻璃时采用的是硅砂中纯度较高的“高硅”。水晶玻璃本身对于人体来说是安全的，但是考虑到在刷制工序中，会有铅元素流入下水道中污染环境，因此制作过程中使用的是钡水晶。

卷取玻璃

用吹桨从窑炉中卷取熔化玻璃，旋转吹桨，缓缓将玻璃吹胀。再取同量的熔化玻璃，想要将玻璃吹制为相同尺寸，需要工匠精准而细腻的感觉。

用吹桨将吹好的玻璃送入窑炉，只需要卷曲规格所需必要量的熔化玻璃即可。

吹制

吹制时利用“型吹法”。这是一种在模具中吹制玻璃的技法。

借助轮环状铸造模具调整玻璃的形状，将吹桨朝上，吹气使玻璃膨胀。

将玻璃置入金属模具中，这样可以使玻璃达到最适宜的形态，稍加吹气，就可以看到玻璃沿着模具的边缘薄薄地鼓胀起来，十分美观。

金属模具的内侧有软木。由于软木中含有水分，因此在制作过程中会形成薄薄的水蒸气膜，这样玻璃就不会附着在模具上，玻璃表面也会变得光滑。这也正是“拿起玻璃杯时有吸附感”的秘诀所在。

缓冷

将玻璃杯送入缓冷炉中，利用室温冷却。由于玻璃难以承受剧烈的温度变化（吹制后的玻璃温度在500至600摄氏度），因此要将其放置在室温缓冷炉中80分钟左右。

质检

在缓冷炉出口检查玻璃杯品质。依次检验玻璃杯的品质，也有赖于匠人熟练的技巧。

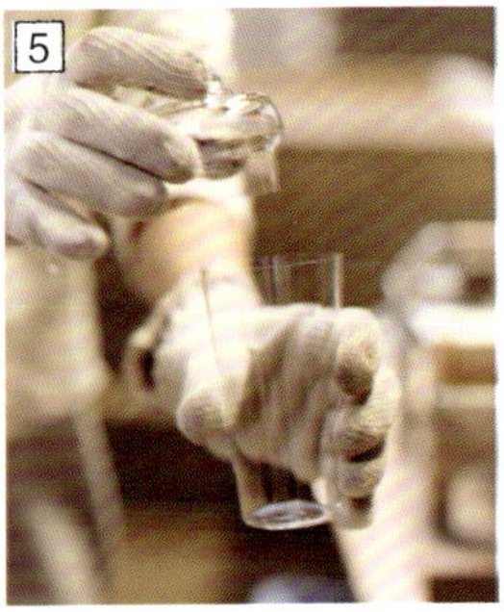

火切

按照规格将玻璃杯切割为固定高度。

刷制

将火焰切割处理过的玻璃杯截面打磨光滑的工序。由于薄玻璃十分脆弱，稍经处理便会发生巨大形变，从而导致破损，因此这一工序需要细腻的感觉和熟练的技巧。

烧口

用燃烧器炙烤玻璃杯口部，熔化杯口毛边使其平滑。如果热量过高，杯口部便会歪斜；如果热量不足，又会有毛边残留。这是决定玻璃杯品质的重要工序。

最终检查出厂

检查玻璃杯是否合乎规格。未通过检查的玻璃杯会被销毁，重新熔化作为原材料。

各种各样的玻璃器皿
第三部分 玻璃杯

KATACHI · 千本
松德硝子

三玉杯
小野田郁子

锥形杯“泡泡”
小野田郁子

气泡锥形杯
清天（松田清春）

水泡喇叭杯
LOBSTO（池田章洋）

乳白大道
原光弘

丝带杯
小西潮

细切边玻璃杯
西山芳浩

特朗普（玻璃杯）
江波富士子

Smaland 杯
Fresco（辻野刚）

雨中彩虹
江波富士子

簇射杯
Iino Naho

小心心（玻璃杯）
江波富士子

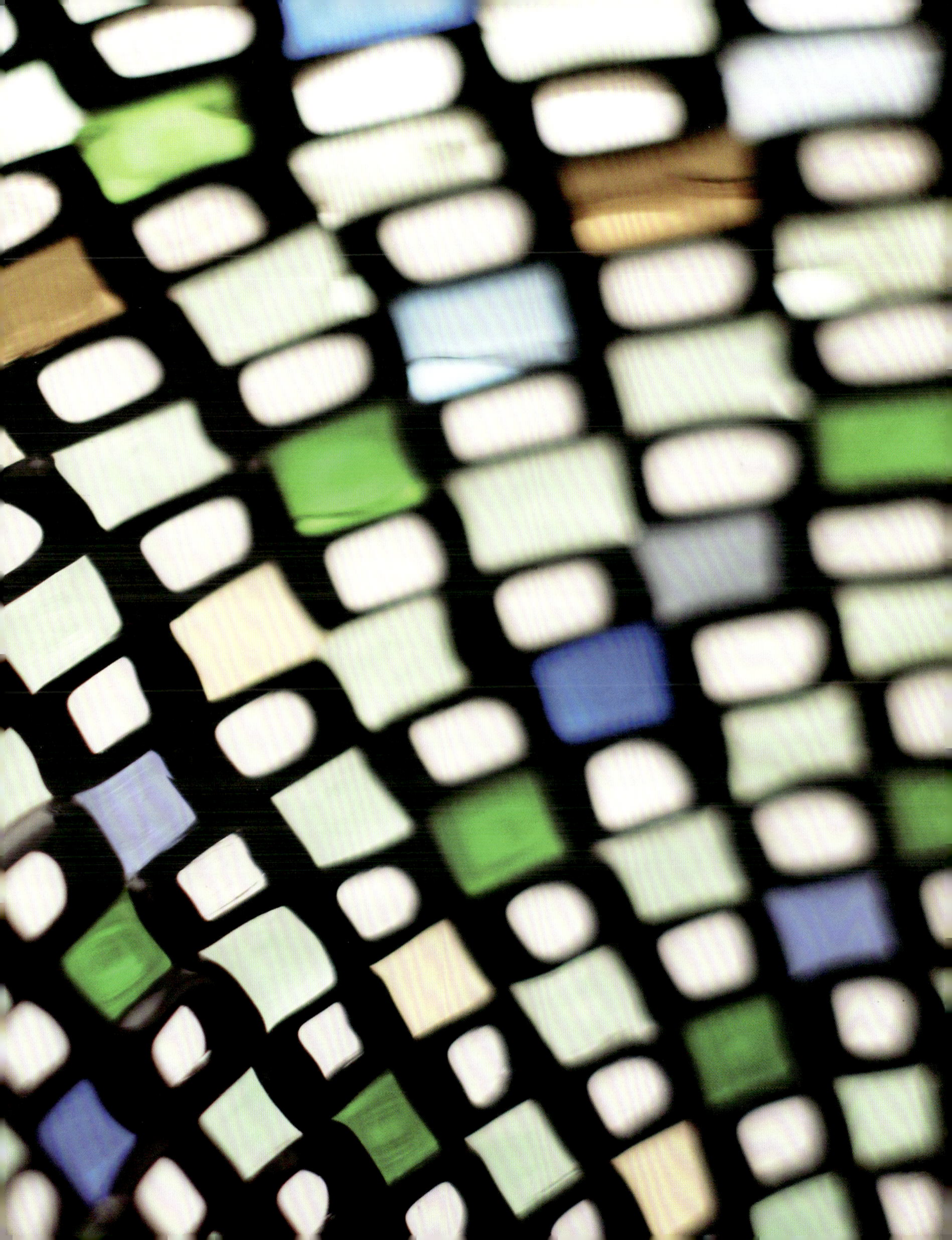

第二章
窑烧法、炉烧法、冷却技术

玻璃的制作方法并不只有吹制一种，在使用其他方法制作出的玻璃器皿中，也许同样蕴含着独特的个性和魅力。

土屋琴：

玻璃罐

结构纤细，却蕴藏着能让使用者感到有如神助的强大力量

土屋琴：生于1982年，曾旅居英、美两国多年，2001年回到日本。2002年进入庆应义塾大学文学院，肄业。此后进入玻璃工艺专业培训学校以及英国创造性艺术大学立体造型系（原萨利艺术大学）学习了6年玻璃专业知识。2009年开始转至火工领域，成为一名玻璃工匠。

这款玻璃罐运用了烧成工艺中的网状烧成法，做工十分精细。烧成工艺指的是在燃烧器的火焰下熔化玻璃，使之成形。

将玻璃棒置于燃烧器的火焰之下，使其熔化、拉长、变细，用镊子将其卷曲为直径1毫米的小圆环。在玻璃工匠土屋琴精确而又节奏良好的反复操作下，美观的网状结构诞生了。

在制作过程中并不是随心而动的。有时候本来以为可以连续制作出大小相同的圆环，但事实上总是会意料之外地出现一些稍大的圆环。这项工作如果没有缜密的心思、高度集中的注意力、精湛无比的技巧以及能够预先构想出成品美感的感性的话，是难以实现的。

“我在18岁的时候开始对玻璃感兴趣。由于父母工作的缘故，我在国外生活了12年，回国后虽然第一时间进入了大学校园，可是不大习惯，于是我中途退学。在那段时间开始摸索我真正想要从事的行业。有次我在电视上看到一名玻璃工匠的创作过程，当时就觉得那就是我想做的事情。”

在玻璃工艺专业培训学校以及英国创造性艺术大学求学的6年间，土屋琴更加坚定了成为一名吹制玻璃工匠的理想信念。然而在一次作业中，土屋琴腰椎受伤，不得已放弃了成为吹制玻璃工匠的念想。

“这是我有生之年第一次遇到真正想从事的事业，因此不会轻易放弃。不过当时我已经几近崩溃，感觉玻璃工作已经与我渐行渐远了，然

土屋琴一般会在玻璃罐中放置她十分喜爱的干花或香料。“由于玻璃罐不是密封结构，因此能够透过网眼享受馥郁的芬芳也是这款玻璃罐的一大优势。”

土屋琴将位于东京小工业区自己家的一间房间作为工作室。在这个拥有着50年建筑历史，充满怀旧感的家中，装饰着土屋琴的手工作品以及作为制作参考的干花。

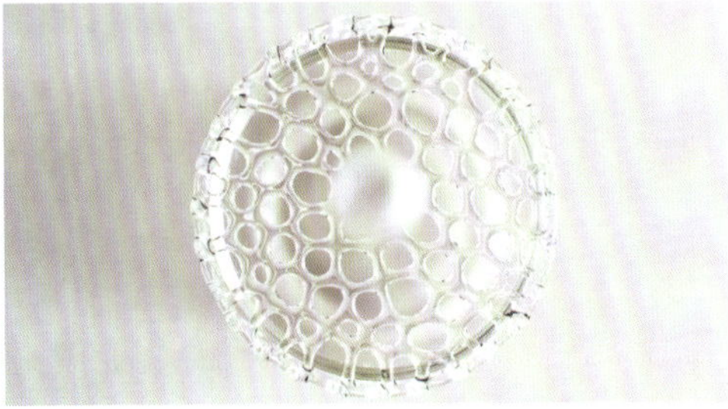

每一件作品的网纹结构都是由手工完成的，这道工序需要超凡的耐心和注意力。

原材料玻璃棒摆放在工作室一角，井然有序。

土屋琴在工作中。燃烧器所释放出的温度高达2000摄氏度，为了在工作中不伤眼睛，墨镜是必不可少的。

正在制作罐子的网眼部分。用火焰炙烤玻璃棒，趁热将拉长的玻璃卷成圆环。

而当我回顾起和玻璃相处的日日夜夜，我就萌生了尝试成为一名火工的想法。因为对只剩下纹络的干花心存敬意，我一直想着怎么能用玻璃的形式将它的特点表现出来，于是就选择从事网眼工艺。”

网眼工艺属于烧成工艺的一种，可以坐着完成。土屋琴认为自己有必要完善之前作品中不满意的地方。

“设计很多时候都是从植物当中获取灵感的，我对干花情有独钟，即便它们的生命终结了，还是会继续展示出魅力十足的美，让人感受到植物的力量。”

网眼工艺需要提前考虑清楚作品的结构再进行操作，因此如果在制作之前对作品的形象没有明确的构思，是无法完成制作目标的。此外，想要利用粗细一致的玻璃制作出大小相同的圆环，也需要反复刻苦地磨炼。

“一开始的时候并未能如我所愿，而是经历了反复的失败。也许支撑着我没有放弃而是继续坚持的，正是我那钻牛角尖的性格吧。”土屋琴爽朗地笑着告诉我们。始终一往无前的她，

利用吹制玻璃技法制作而成的装饰品“波纹”。

土屋琴在学生时代吹制而成的玻璃杯，时至今日仍然是出镜率极高的作品之一。

最近又开始涉猎吹制玻璃技法，开始挑战吹制玻璃作品。

“波纹”的构思源自一种名叫荣德尔的轻薄的圆盘状玻璃。荣德尔在中世纪欧洲被用作城墙玻璃，也会被建筑师高迪运用在建筑物当中。如果运用制作荣德尔的技法，吹制玻璃所能完成的，烧成工艺也一样可以完成。基于这种考虑，土屋琴进行了尝试，并制成了工艺品“波纹”。

“每一件作品都不会完全相同，我认为这也是玻璃制作的魅力之一，我也从来不期待所谓的奇迹之作。只要技术过关，每次制作出来的作品应该都是奇迹般的精美。此外，技术还为我带来了无限可能，我的整个制作流程，正是依托于利用火工技术完成的工序之上。”

土屋琴希望接受她作品的人能够了解到玻璃的无限可能，因此她的作品中蕴藏着能够让使用者感受到使用乐趣被大大扩展的十足魅力。

装饰房间用的水晶珠帘也是由土屋琴亲手制作的。水晶珠帘英文为“Sun Catcher”，是通过透射光线来制作装饰房间效果的工艺品，亦被称作“彩虹浴”，在欧美国家驰名已久，被看作是可以提升运势的物件，人气极高。

自己动手试试看
第一部分：土屋琴
利用玻璃制作小饰物

玻璃工匠土屋琴教授初学者也能轻松挑战的小饰物。

材料

有色玻璃棒1根、
透明玻璃棒3根

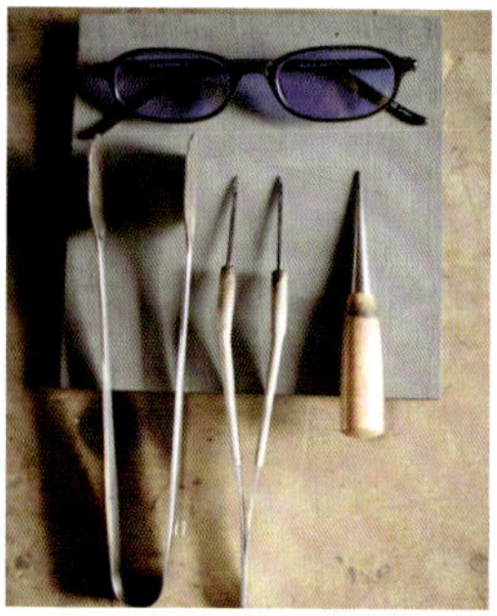

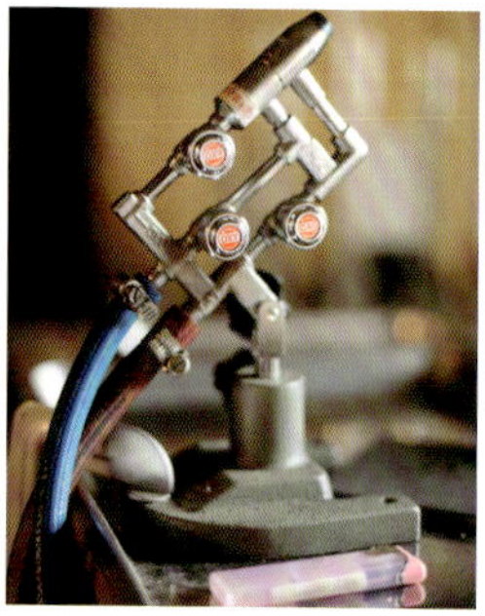

工具

左图：烧成工序时使用的眼镜　下（从右至左）：锥子、镊子、夹子
右图：燃烧器、打火机
*如果需要使用氧气燃烧器，除煤气外还要用到氧气罐。

用燃烧器熔化透明玻璃棒前端。由于玻璃具有受热后卷曲的特点，将燃烧器火焰与玻璃棒接触后，前端就会卷曲起来。如果卷曲则需要用夹子夹平。

用燃烧器将有色玻璃棒熔化卷曲，将卷曲的有色玻璃棒与平整的透明玻璃棒前端接触，用火炙烤，切除卷曲部分。将有色玻璃棒的卷曲部分用燃烧器加热，并用夹子夹平。

再取一根透明玻璃棒，将前端熔化，如果卷曲则将其拉平，粘接有色玻璃棒，用燃烧器加热，再拉平。

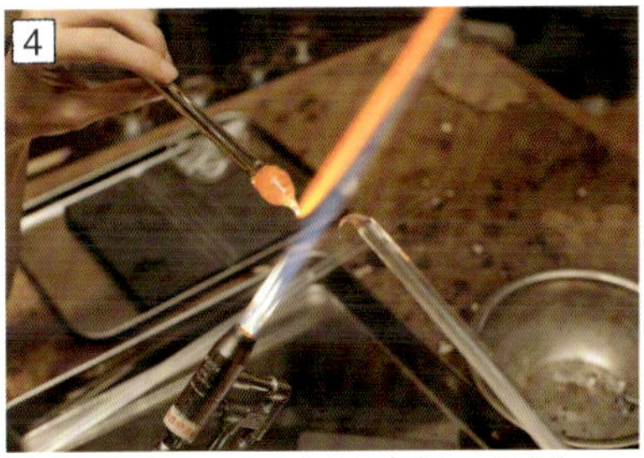

一边转动左手，一边使玻璃棒前端变为螺旋状。

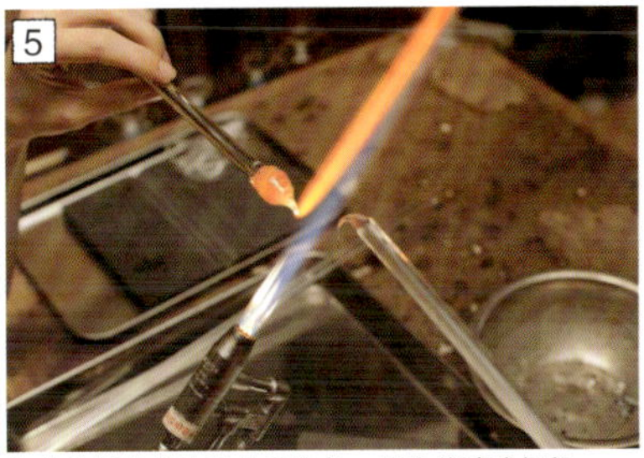

加热使螺旋状玻璃表面均匀，螺旋状玻璃根部也需加热，然后切除。

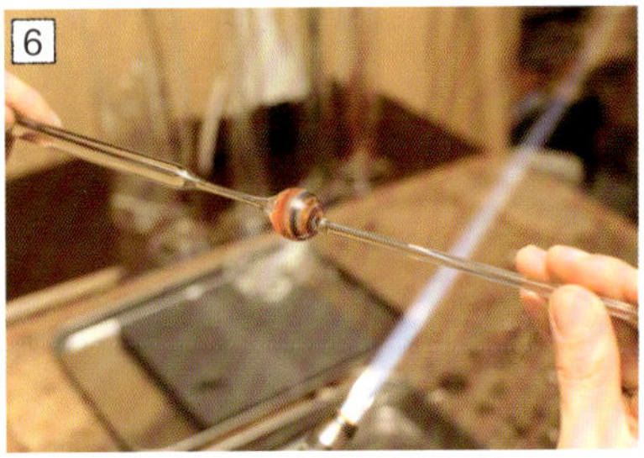

粘接透明玻璃棒，用火加热玻璃棒左前部，一边转动一边拉长。

加热拉细部分，并用镊子将其卷曲成螺旋状（如果玻璃没有充分熔接则容易断裂，因此需要用火持续炙烧连接部分使其充分熔接），利用锥子调整螺旋玻璃的大小。

将螺旋状玻璃球从玻璃棒上取下。用火焰炙烧玻璃球与玻璃棒连接处，以消除连接痕迹。

完成

shortcake
item candle stand
¥4,500

真野希望自己的生活可以如同身处原始森林般静谧。基于这种思想，“树桩”烛台诞生了。

Nido：
烛台

温暖的空气中，独一无二的模糊烛光兀自闪烁

真野江利子：Nido成员，生于日本东京。2003年与矢口恭子、米屋绫子一同成立Nido三人组并开始工作。2004年于日本谷中开设Nido工坊·商铺。Nido除了作为手工制作的基地和商铺，也是她们的工作室。此外，真野也经常到各地开办个展或参加主题展览。

Nido是以制作彩绘玻璃为主营业务的艺术家组合。组合成员为矢口恭子、米屋绫子和真野江利子三名女性。谷根千（谷中、根津、千驮木区域）还保留着东京的小工业聚集区的独特风情，Nido就位于谷根千店铺一条街的一角，与蔬菜店和鱼店等小商铺比邻而居。

“大学毕业刚开始从事室内装潢工作时，我的发小矢口也刚进入彩绘玻璃学校学习。矢口制作的所有作品都十分精美，我都想把它们放到自己房间里做装饰了。在此之前，我一直对彩绘玻璃有一种教会仪式的距离感印象。然而自从看到矢口的作品，我发现它们距离我也并不遥远。”Nido成员真野江利子为我们讲述着当年的故事。

此后在2004年，矢口、真野与在彩绘玻璃学校结识的同学米屋三人共同启动Nido。

Nido在西班牙语中意为“巢穴”。之所以为店铺取这个名字，是因为成员希望她们亲手制成的玻璃作品，能够在世界这个容纳着潜在追随者的舞台有一席之地，站得住脚。

烛台是Nido旗下的人气产品之一。在自然光或是灯光的映衬下，玻璃时而熠熠生

体形较小的烛台。所有作品均有一共同的概念，那就是“描绘出充满诗意的彩绘，可以让使用者仿佛可以细细聆听隐秘的故事”。

从水波花纹的半透明玻璃中，投射出丝丝强烈的烛光。而与此同时，不透明的横条纹玻璃中投射出的则是火焰般淡淡的烛光。各种光线交相辉映，趣味十足。这也正是Nido使用独创玻璃原料制作而成的彩绘玻璃的魅力所在。

这款烛台名叫塔帕尼之塔，是工匠根据自己想象中芬兰友人塔帕尼所居住的街道制作而成的。

吊灯“马戏团”。这款吊灯点亮后如同在夜空中浮动着马戏团小屋，整体风格较为柔和。

Nido的成员，真野江利子。“Nido工作室原本为母亲的裁缝教室。工坊保留了原来裁缝教室的风貌，为便于使用，从铺装床板到涂装墙壁都是手工改造而成的。”

辉，时而产生光影效果，能以不同的曼妙身姿示人。以Nido旗下的代表作品“树桩”烛台为例，在“树桩”烛台中点上烛光后，由于与众不同的玻璃的透明度以及设计感，光线的投射方式也出现了微妙的变化，有一种难以言喻而又温馨的存在感。实际上，这种独特的“温馨感”正是由Nido工作室的一丝不苟造就而成的。

“通常情况下的彩绘玻璃作品，都是切割现成的有色玻璃板然后粘接而成。然而我们在拼接之前，会自行加工玻璃，从制作风格独特的玻璃这一步骤开始。因为在我们看来，在制作玻璃时花点心思，最后制作出的作品自然会带有一种独特的温度。”

举例说明，吊灯“circus”的玻璃上带有半透明的星星图案，那可是一颗一颗亲手画上去的。此外，迷你小碟运用了玻璃工艺当中的熔融技法（在玻璃上熔化粘接其他玻璃部件的方法）设计而成。

而作为小碟部件的点缀物则是利用

Nido的商标牌也是由玻璃手工制作而成的。“Nido”字样为使用石膏模具制成，然后烧接在黑色玻璃板上。

在借助熔融法设计而成的小碟中，点缀上利用“Pâte de verre”技法制成的装饰。小碟用途多样，可以放入干花或装饰品。

“Pâte de verre”（指将玻璃粉末置入模具后熔化凝固成为需要的形状）技法制成的。

“这种设计的特点是历久弥新，既具日式风格，同时也不乏欧式色彩。我们绞尽脑汁，希望将这种风格用玻璃的形式表现出来。同时为了能够表达出我们想要表达的东西，亲自动手制作风格独特的玻璃是必不可少的。”

真野告诉我们，无论以后会制作出什么样的作品，有一点是不会变的，那就是她那一颗希望在玻璃的陪伴下度过人生最美好时光的心。

“大家可能都觉得，像我这种每天与玻璃打交道的人，一定是随时都要保持精神紧张，以防玻璃打碎。但其实细细考虑，如果一个人每天都处在提心吊胆之中，又怎么能够潜心工作呢？因此我们制作每一件作品，都要不紧不慢地花上一些时间。如果像一般人一样惜时如金的话，是无法造就出优秀作品的。”

说起未来的梦想，真野表示："希望有一天我们能造成一间完全由彩绘玻璃制成的店铺。"

自己动手试试看

第二部分：Nido

利用彩绘玻璃制作手镜

此款手镜在Nido工作室的产品中人气极高，真野江利子本人只需要用上15分钟就能做成。但是在工作室中需要一边考虑设计一边缓慢地作业，大约要花1个小时的时间。

材料

玻璃片10片。

*切割玻璃需要专门学习，因此教室中提前为学员提供了已经切割好的玻璃片。选用的玻璃尺寸要略小于明信片大小，大概选择10片即可。

工具

宽度4.5毫米的铜箔胶带
木筷子
烙铁
放置烙铁用的铜管
焊锡
笔
劳保手套
焊剂（便于焊锡涂抹工序）
复古染色剂（为了打造出复古风格而使用的染色剂）

在10片玻璃部件周边都缠上铜箔胶带（此次使用的玻璃厚度约3毫米，因此准备的铜箔胶带宽度为4.5毫米，两边稍稍多出一部分）。

使用木筷子将铜箔胶带超出玻璃边缘的部分压在玻璃上，使之与玻璃紧紧贴合。

根据提前设计好的图案将玻璃摆放在白纸上，在铜箔胶带上涂抹焊锡。

4

用烙铁熔化少许焊锡，将熔化的焊锡点在玻璃片角部。焊锡与包裹玻璃的铜箔胶带会起化学反应，不必惊慌，继续推进工作即可。

5

用烙铁尖头推开边角部的焊锡，使其成一条线。

6

正面涂抹完焊锡后再涂抹反面。处理反面时不需要再把焊锡点在角上，直接涂成一条线即可。

继续涂抹焊锡，直至将铜箔胶带全部覆盖住。

将复古染色剂刷在焊锡上，形成复古风格。

最后用水冲洗。

各种各样的玻璃器皿

第四部分 为美食增光添彩的玻璃器皿

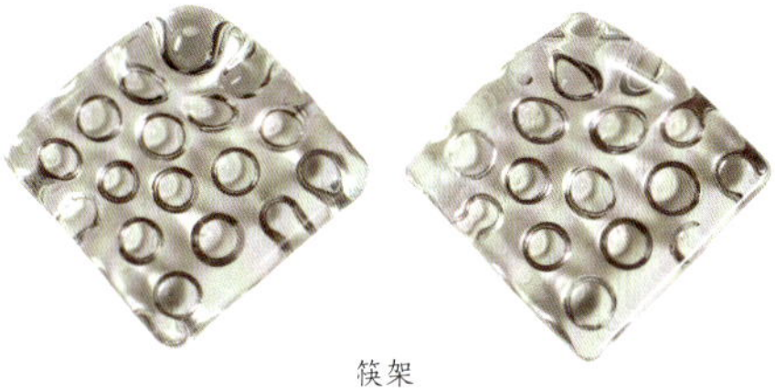

筷架
土屋琴

葫芦筷架
中村小春

霰草马克杯
吉田顺子

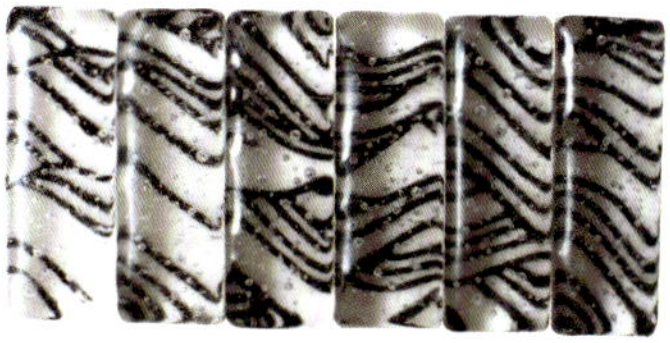

光淋大波拼图筷架
中村小春

鹿子豆水罐
江波富士子

牛奶罐
小野田郁子

Smaland水罐
Fresco（辻野刚）

蕾丝果盘
小西潮

甜点杯
原光弘

T-tray
Fresco（辻野刚）

蕾丝小茶壶
小西潮

梅干罐
清天（松田清春）

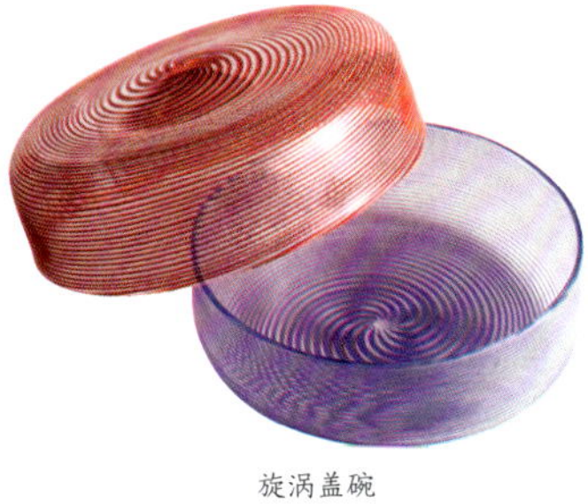

旋涡盖碗
小西潮

各种各样的玻璃器皿

第五部分 让生活充满乐趣的玻璃器皿

小人BOX（杂物罐）

Nido

钻石BOX（杂物罐）

Nido

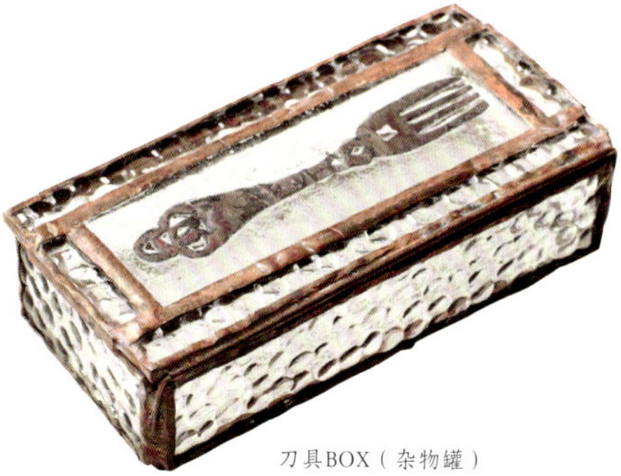

刀具BOX（杂物罐）

Nido

茶罐

土屋琴

烛台

Nido

Mosscas
Fresco（辻野刚）

朝露手链（左）
蘑菇戒（右）
土屋琴

多云&糖果
Iino Naho

朝露耳环
土屋琴

蚊不叮
清天（松田清春）

Bonbon项链
土屋琴

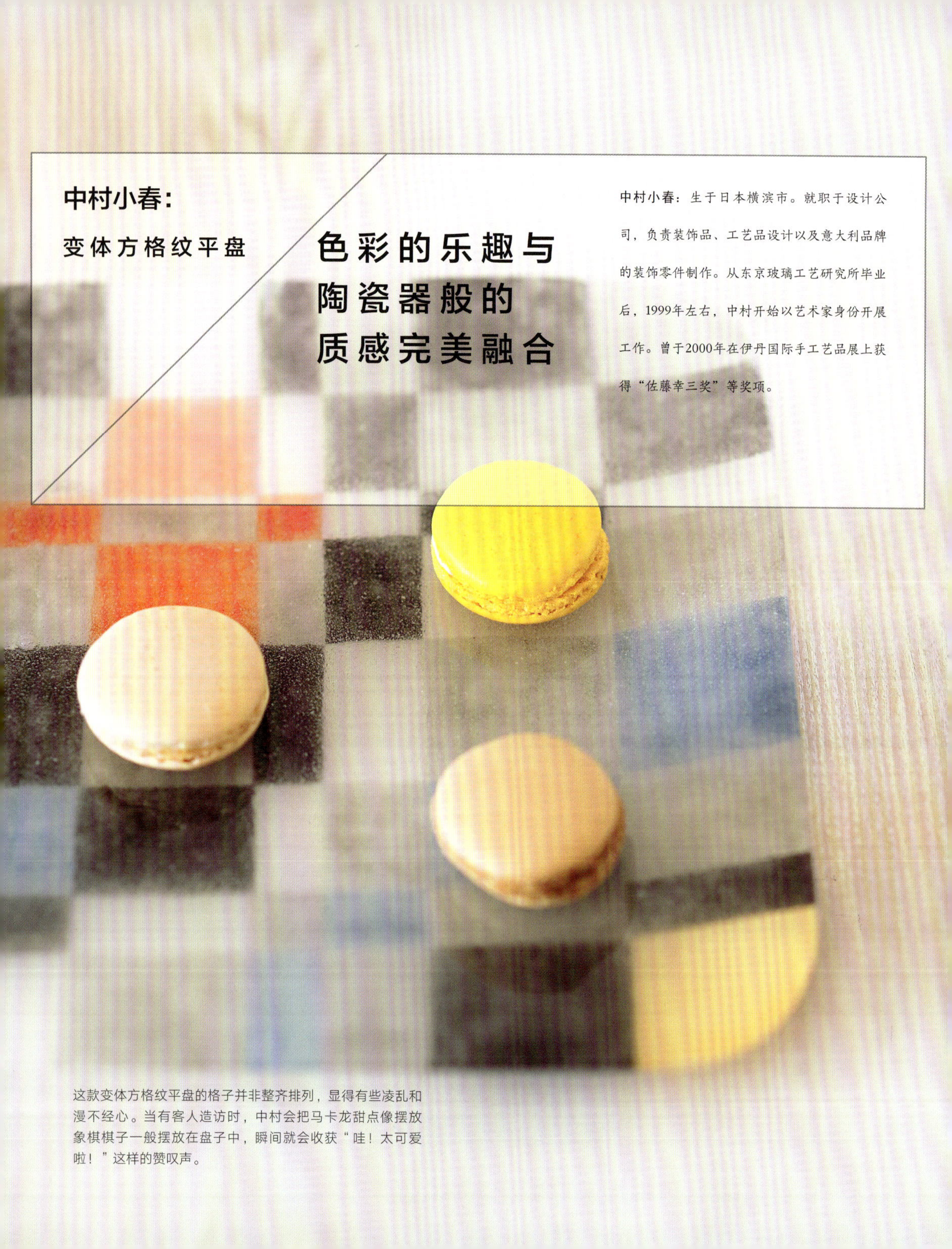

中村小春：

变体方格纹平盘

色彩的乐趣与陶瓷器般的质感完美融合

中村小春：生于日本横滨市。就职于设计公司，负责装饰品、工艺品设计以及意大利品牌的装饰零件制作。从东京玻璃工艺研究所毕业后，1999年左右，中村开始以艺术家身份开展工作。曾于2000年在伊丹国际手工艺品展上获得“佐藤幸三奖”等奖项。

这款变体方格纹平盘的格子并非整齐排列，显得有些凌乱和漫不经心。当有客人造访时，中村会把马卡龙甜点像摆放象棋棋子一般摆放在盘子中，瞬间就会收获“哇！太可爱啦！”这样的赞叹声。

这款平盘的色彩组合颇具趣味性，质感温润厚重，让人印象深刻。之所以有意将方格花纹设计为大小不一，原因之一自然是为了外观上的趣味性，另一个原因似乎是为了让使用者在挑选食材与之搭配时能够有更多乐趣。

玻璃艺术家中村小春所制作的作品，蕴含着她希望使用者能够获得更多享受的感情，然而最大的特征还是在于一般透明玻璃作品中所没有的色彩和质感。

小春的作品利用了“Pâte de verre”工艺，翻译过来就是“利用玻璃粉末炼制”之意。

“Pâte de verre”并不烦琐，就是将颗粒玻璃置入铸模中烧成的工艺。这一技法起源于美索不达米亚文明，后被发明于罗马时代可大规模量产的吹制玻璃技法所取代，后来在新艺术运动时期复兴。然而掌握这一技巧的工匠并没有将其制作方法公开，因此这一技法有一段神秘莫测的历史。

小春告诉我们：“由于我十分喜欢浮世绘和版画，因而我对‘Pâte de verre’技法产生了浓厚的兴趣，因为这一技法中涉及雕画的步骤。”

然而小春并非从一开始就从事玻璃制作的。小春的父亲曾在国外从事室内装潢的工作，受父亲影响，小春曾以室内装潢设计师作为自己的第一份工作。

“当时的公司十分重视工艺，因此我得到了大量近距离接触海外名家作品的宝贵机会，其中最让我感到震

中村家里使用的是一体化厨房系统，时尚气息浓郁。盛放沙拉使用的“光琳大波纹”大碗，在意大利餐馆中被用来作为意面的容器使用。此外，据说书中前页提到的小碟在银座一家老牌天妇罗店“茂竹”内被当作盐碟使用。

中村十分喜欢使用浮世绘独有的流行色彩。她告诉我们，享受色彩的乐趣，也正是“Pâte de verre”技法的优势之一。

工坊内摆放的装饰品无一例外，皆为自然风格。手工制作痕迹十分醒目的棚子里，整齐地装点着小春的作品。

中村小春在工坊中工作。为了保证工作时能够保持注意力集中，她的工坊设计十分简单整洁。

“Pâte de verre”技法需要用到的工具。操作工序为：（1）使用黏土制作模具原型。（2）将耐火石膏贴在模具上，塑形。（3）将耐火石膏与黏土模具剥离。（4）在耐火石膏上添加装饰，用水将颗粒状玻璃依照石膏形状贴在石膏上。（5）用电气炉烧成加工。

撼的是一名瑞典名家的玻璃雕刻作品。正是从那时开始，我希望自己也能够从事这种完全凭借自己的力量完成的工作。为了学习玻璃雕刻技术，我进入玻璃工艺学校开始学习。”

在学习玻璃工艺伊始，小春阅读了关于“Pâte de verre”技法的书籍，了解到利用这种技法可以实现部分烧成（只烧制玻璃表面）工艺。

“以往使用‘Pâte de verre’技法制成的作品，特点在于花纹图案看起来较为模糊，这也是其魅力所在。然而我觉得应该让作品的纹饰更加突出一些。如果使用部分烧成工艺就可以避免纹饰的流动，使其保持一个静止的状态，纹饰会更加突出，加饰工作（在器皿表面添加纹饰）也就可以更加随心所欲。最重要的一点是我可以完成以往使用‘Pâte de verre’技法无法实现的工作，所以就开始了尝试。”

然而刚起步之时，一切并没有想象中那么顺利，制作过程中要么是玻璃上出现了小孔，要么就是过度鼓胀，失败接踵而至。我们有幸看到了小春当时做的笔记，在何种条件下会出现何种结果，

细纹饰小碟。小春本人喜欢将它作为香盘使用，也有人用它盛放耳坠等首饰。“我希望能够制作出一款人见人爱的小碟子，让它时时伴人生活，因此制成了这件作品。”

水珠纹饰酒盅。纹饰是从衣服花纹上获取灵感设计而成的。

分别是由何种原因导致，密密麻麻地都出现在笔记上，令人惊叹。小春告诉我们，从不断试验温度和玻璃的用量直到做出满意的作品，她花费了一年半之久。

“‘Pâte de verre’技法的另一大乐趣所在是可以使用多种不同的色彩。我首先会用彩铅画草图，正是在我参考日本传统色彩进行绘画时，对色彩着了迷。”

小春十分喜爱日本的古物，她的作品中大量使用了和式花纹，所有的纹饰都是她力图通过雕刻在玻璃上施展抱负的一种体现。

“器皿是大家每天都要接触到的东西。注入我本人思想的某一件作品，能够深入到另一个人的生活中，是一件让人非常高兴的事情。雕刻工艺是促使我爱上玻璃工艺的一大契机，我现在依旧十分喜爱雕刻工作，因此，我希望今后在我所有的作品中都能向使用者展示雕刻艺术的魅力。”

吉田顺子：

豆钵

从新视点中孕育而生，造型简朴却不失温润的切子

吉田顺子：武藏野美术大学手工艺品设计专业毕业。在学习期间，被江户切子*细腻的手工工艺所折服，拜江户切子传统艺术家根本幸雄为师学艺。经过8年的苦修后，吉田于2000年出师，并独立开设KRICO · KILICO工坊。

*译者注：切子即纯手工用金刚砂在水晶器具表面切割细腻花纹的工艺，所制图形没有草稿，全凭匠心，一气呵成。江户切子于天保五年，即1834年发源于江户大传马町。

这款豆钵带有简单的椭圆形花纹。吉田通常会使用它来盛放日式拌菜之类的日本料理。

大多数人一看到切子，一定会被其精美的外表所吸引，但到底要不要入手，有时却会变成让人犹豫的一件事情。价格高是一方面，另一方面也是因为切子有着传统工艺品的那种厚重感，可能会让人觉得与自己家的风格并不搭。然而吉田顺子打造的切子却有令人难以抗拒的诱惑感，让人不禁去考虑该用它与家里的哪款餐具去搭配。

“我十分喜爱江户切子这一传统工艺品。然而我在刚刚自立门户开设工坊之后，发觉切子与年轻女性的生活方式及整体装饰风格很难搭配。于是我就想制作出一款能够吸引与我同龄的女性群体购买，与她们生活风格较为搭配的切子作品。”

于是吉田便开始考虑，运用简单的椭圆花纹或是以花草鸟兽为主题的自然纹饰进行切子的设计制作。在扎实的制作功底与新时代女性的感性结合下制作而成的切子，保留了切子原有的细腻美，舍弃了厚重感，整体笼罩着一种柔和的气息。

吉田顺子毕业于武藏野美术大学手工艺品设计专业。她之所以会对玻璃工艺产生兴趣，是因为在她看来，“玻璃工艺是一种可以亲手将自己设计出的原型制成最终成品的工艺”。对于手工制作的喜爱也是其中的契机之一。

切子工匠吉田顺子。她把自己家的一层作为工坊使用。

吉田代表作“花之实”系列中的大玻璃杯。

砂轮根据大小、粗细度、形状（平板形、山形等）特征的不同可以分为30多种。

为了保证工作效率，需要提前将所有工具都整理齐备。

“当我观赏陶艺或染色工艺等手工艺品的过程中，玻璃工艺品给我留下的印象是最深刻的，尤其是江户切子最为打动我的心。当我在工坊见习时，工匠们将玻璃表面贴在砂轮上，就能切割出各种花纹，让我惊叹不已。完全不使用雕刻刀之类的工具，就能精确无比地切割出如此纤细的线条，我当时暗下决心，一定要学到这种技术。”

于是吉田一个接一个地给江户切子制作工坊致电，表达自己希望成为学徒的愿望，然而却屡屡碰壁。即便如此，她也没有放弃，在她的不懈找寻下，终于如愿以偿，开始接受挑战，跟随传统手工艺艺术家根本幸雄学习。学艺伊始的3年间，她从事的都是作品完成的最后清洗工序或是切削加工前的基线绘制工作。后来，吉田逐渐开始承担起其他工作，并在雕琢花纹的工作中磨炼了切割技巧。

“切割纹饰时使用的砂轮有30多种，切割不同对象时应该使用哪一种砂轮是需要根据经验来判断的。要想真正做到完全掌握，需要积累相当的经验。我本人是在工作到第8年的时候才顿悟。在此之前我每天都好像是似懂非懂的，但是从那一天开始，我给自己定了新的目标，即通过自己的能力创作出自己喜欢的主题图案。”

吉田告诉我们，正是跟随恩师根本老师的学习，才造就了今天的自己。吉田至今仍然把她至亲一般的恩师的话作为自己的座右铭——“并不是因为手工制作，就可以每件作品都不同。相反，正是因为是

切子的材料是表面覆盖着一层薄薄色彩的玻璃，这种玻璃叫作“着色玻璃”。将提前设计好花纹的纸贴在玻璃杯壁上，用记号笔临摹。“在设计过程中，使用什么材料制作是十分重要的，花应该画几朵、线要画几根等，都是需要我来平衡的。”

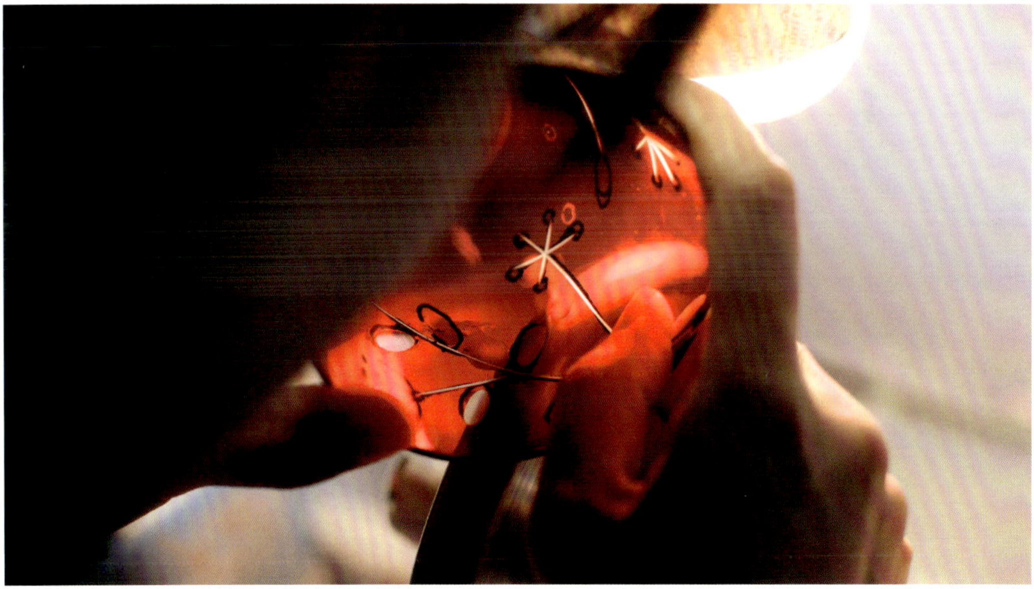

用砂轮打磨。设计制作“花之实”的过程中，分别使用了5种不同规格的砂轮。比如雕刻小花或者小鸟的尾巴等小型花纹时，就要换成规格较小的砂轮。

手工制作的，所以才必须做出完全相同的作品。”

“我从很早就开始喜欢手工制作，制作的作品在达到量产标准之前，必须反复润色设计。手工制作既是我毕生的追求，更是我的志趣所在，我认为在手工制作中，我找到了我自己。”

吉田表示，环状纹饰的尺寸相同才能感受到美观。她十分看重这种源于自己感性的独特风格。从成为玻璃工匠的那一刻起，她便决定要创作出能够让使用者拿在手中便露出满意笑容的优秀作品。为了贯彻这种创作理念，吉田说她今后还将不懈努力，持续创作下去。

放在窗台上作为装饰的是吉田的作品。当阳光投射到这些装饰物的表面后，会从作品雕琢部穿透，各自显现出不同的景象。

三种大玻璃杯的俯视图。

各种各样的玻璃器皿

第六部分 用来享用美酒的玻璃器皿

红方格（口杯）
江波富士子

花园（口杯）
江波富士子

水泡响杯
LOBSTO（池田章洋）

SHIWA老式杯
松德硝子

钻石红酒杯
LOBSTO
（池田章洋）

倾析器
LOBSTO
（池田章洋）

红酒杯
原光弘

香槟杯
原光弘

从左至右：勃艮第、换瓶（译者注：红酒术语）、波尔多
松德硝子

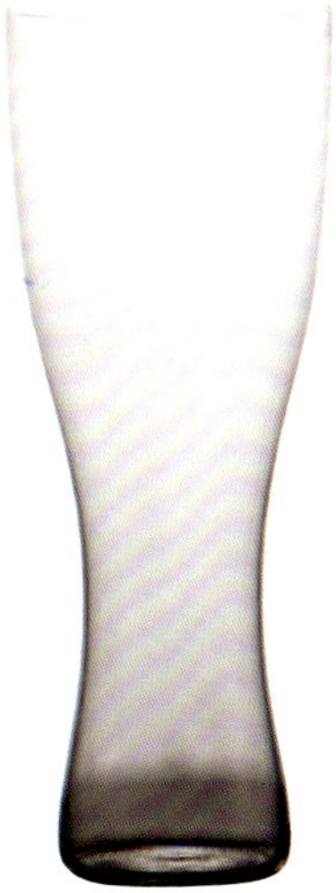

啤酒杯（比尔森啤酒杯）
松德硝子

气泡手器（酒器）
清天（松田清春）

气泡小杯
清天（松田清春）

片口（译者注：带嘴酒壶）
西山芳浩

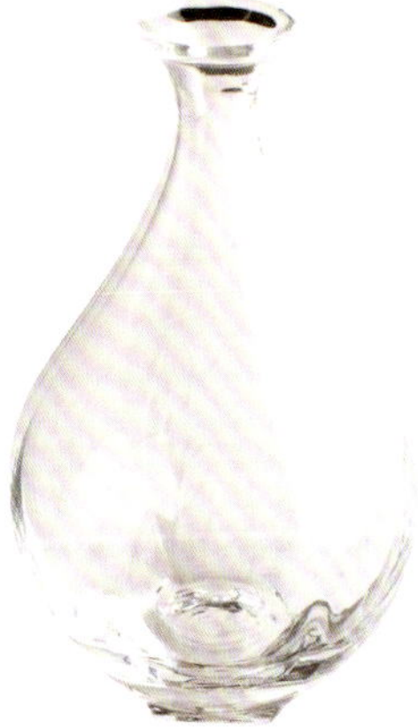

六面酒壶
西山芳浩

八角深底酒杯
西山芳浩

滴水之油（深底酒杯）
草田正树

柔软的方向（片口）
草田正树

葫芦花纹酒盅
中村小春

片口
吉田顺子

深底酒杯
吉田顺子

第三章
琉球玻璃

琉球玻璃制品是冲绳地区特有的手工玻璃制品。

其特征是循环利用废旧玻璃瓶作为原材料。

琉球玻璃制品最初的原料是第二次世界大战之后驻留日本的美国军人用来盛放冰镇饮料的玻璃瓶，然而时至今日，琉球玻璃制品仍然因其质朴的外形和独特的质感在各个阶层中广受欢迎。

小野田郁子：

陶土系列

继承传统的同时赋予作品创新感性

小野田郁子：1975年生于日本东京，桑泽设计研究所图像设计专业毕业。在印刷公司工作一段时间后，从1998年开始于冲绳县读谷村“虹宙吹玻璃工坊”师从琉球玻璃名家稻岭盛吉学艺十一载。曾获冲展鼓励奖、冲展日本民艺协会奖等奖励。2009年开设彩砂吹制玻璃工坊。

题图从上到下分别是陶土凹槽杯、陶土锥形盘、陶土片口和陶土钵。锥形盘凹口处可以用来盛放调味汁，因此很多人用它做沙拉盘使用。至于陶土片口可以用来盛放调味汁或是泡盛（译者注：冲绳特产蒸馏酒），根据使用者需求不同，用途多样。

一说起琉球玻璃，相信很多人会想到礼品店里五彩缤纷的玻璃制品。然而当他们真正了解到，琉球玻璃是运用古典技法，通过重复利用泡盛酒的空瓶而制成的，都会为琉球玻璃制品的伟大而赞叹不已。

在冲绳县读谷村从事琉球玻璃制品制作的小野田郁子，也曾有过这种令她叹为观止的经历。

“由于我生长在东京，因此对于在陌生环境中孤身一人生活这种事情没什么清晰的概念。我刚开始在公司工作的时候，偶然在杂志中了解到一些有关冲绳玻璃工艺的内容，便心血来潮，萌生了去冲绳尝试手工制作作品的想法。”

此后，小野田于冲绳旅游期间借机拜访了琉球玻璃名家稻岭盛吉的工坊并欣赏了玻璃工艺品。

“在欣赏稻岭老师的作品时，我发现它们与我之前在礼品店中看到的那些被称作琉球玻璃作品的东西从形态上讲完全不同，这让我感到十分震撼。”

回到东京之后，小野田即刻决定拜稻岭盛吉为师，并撰写了拜师信。

此后11年间，小野田进入“虹宙吹玻璃工坊”跟随老师稻岭盛吉学习并掌握了扎实的技术。

“在我刚进入工坊的那段时间，老师在尝试使

橄榄杯。使用产自读谷村的泡盛酒“残波”的酒瓶制成。

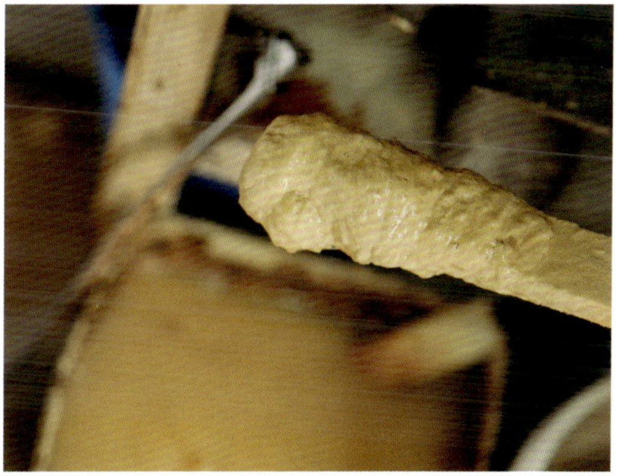

原料为陶艺用黏土。经过吹制玻璃工艺处理后，黏土会变为粉红色。

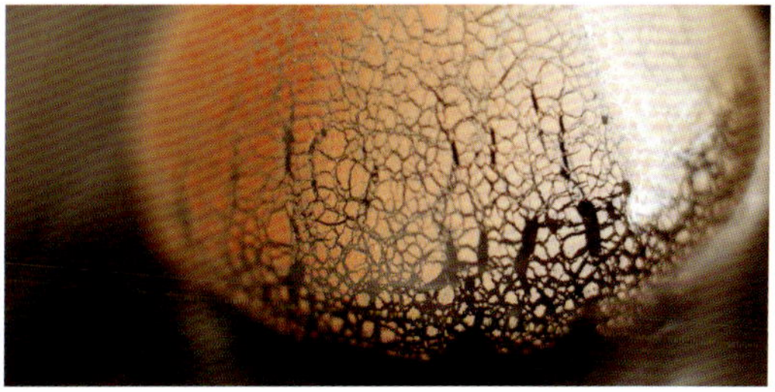

花纹呈树叶脉络状的陶土器皿系列。虽然无法将所有作品都做到完全相同，却独有一番手工作品的趣味性。

小野田在工坊中工作。琉球玻璃作品需要使用吹制玻璃法一件一件完成。

工坊背后摆放着作为原料的废旧玻璃瓶。

小野田制作的小物件。利用废旧玻璃瓶本身的色彩制作而成的玻璃制品，配色大多较为简单。

用米糠或是金枪鱼骨等材料创作新作品。当时老师已经在业界确立了工匠级别的地位，可他还是毫不松懈，这次尝试使用某种材料，如果不成功就换下一种。他在将米糠与玻璃融为一体的过程中，也曾经历了无数次失败。包括对于手工制作的态度在内，我在虹工坊所学到的一切，都为我现在的成就打下了坚实的基础。”小野田回忆起她的老师，这样告诉我们。

小野田的人气作品之一便是陶土系列。制作方法是将用水和好的黏土（陶土）贴在加热处理过的玻璃表面，再用吹杆吹制。这样一来，当所有制作工序完成时，原本白色的陶土便会变成粉红色，一件让人叹为观止的作品就此诞生了。

在玻璃表面附着其他原料制作作品，是虹工坊的独门绝技。独创的“桃色”也正是以这种制作经验为基础探索出来的。

“有很多人看到我的作品就知道我一定是稻岭老师的学生，这是理所当然的。然而我希望我制作出来的作品会让购买者觉得值得购买，不能因为我是稻岭老师的学生，顾客们就会觉得去稻岭先生那边选购更合适。这也是我的制作目标。”

在恩师稻岭留给小野田的教诲中，“希望

米糠泡圆水盘，用米糠制成的泡状物流动感十分优美。

你能做出实用的器皿”这句话最让她刻骨铭心。

“终于可以开始用吹杆吹制玻璃时，我感到十分高兴，沉浸其中无法自拔。然而就在我忘我地进行吹制时，稻岭老师突然问我：‘你制作的玻璃器皿用途是什么？’我当时不禁一惊，蓦然发现我竟从来没有考虑过这一问题，顿时羞愧难当。”

小野田自立门户伊始，工坊中并没有固定款式的作品，这一点是十分大胆的。小野田之所以选择根据客户需求器皿的使用方式来制作作品，是因为在她看来，能够满足每一位顾客的需求，让他们觉得这就是他们想要的作品，是只有依靠手工制作才能实现的技巧。

将啤酒瓶和泡盛酒瓶熔化，使用吹制玻璃技法一件一件地手工制作，这就是小野田每天的工作。在继承传统琉球玻璃工艺技法的同时，她也在运用自己灵动柔和的感性，为琉球玻璃工艺带来新风尚。

摄于“采砂吹制玻璃工坊”门前。虽然工作繁忙，小野田还是满面笑容地迎接我们的到来。冲绳人都亲切地称呼她为“郁子”。

冰裂杯。在玻璃杯成形之时趁热将其瞬间放入冷水之中，由于玻璃的冷收缩性，会产生冰裂纹般的花纹。

きとね
電話帳
2012

松田清春的代表作，S形纹饰玻璃杯。S形纹饰的凹凸特性使光线发生散射，光线透过杯体时熠熠生辉。杯子朴实而厚重，拥有一种独特的温度。这也是它备受欢迎的一大理由。

松田清春：

S形纹饰玻璃杯

转变思维，制造出实用性极高的畅销佳品

松田清春：1963年生于日本冲绳县，中学毕业后便就职于冲绳本岛的一家玻璃工坊。1997年在读谷村创设“清天玻璃工坊”。松田一直在利用传统工艺，使用废旧玻璃制作琉球玻璃制品。

明明有很多种不同的杯子可以选择，为什么最后每天使用的都是同一个？松田清春所制作的这款S形纹饰玻璃杯，便是在大家的日常生活中深受喜爱、出场率极高的一件作品。

流动的曲线向上聚集，最终收成一束。虽然这种流动感十分简单，但是却如同惊涛骇浪一般猛烈，仿佛一股强大的力量向我们涌来。自不必说，能够在日常生活中经常使用这款杯子的都是“实力派”。由于水波纹弯曲的部位是立体的，所以十分贴合手形，便于握持。

“就像烧制工艺品时需要一边转动轴轮一边塑形一样，吹制玻璃时也要一边自己用手转动杆子一边调整作品的形状。在这一步骤中，我大胆尝试朝相反方向转动杆子，这是在其他任何一家工坊都不会使用的操作。就这样，我开创了全新的设计方法，制成了前所未有的玻璃杯作品。”松田面带灿烂的微笑，爽朗地告诉我们。

在吹制玻璃的方法中，有一种向木质模具或铸造模具中吹入玻璃成形的“型吹法”。

在型吹过程中，为了使玻璃表面呈现条状花纹，需要使用线条铸模。松田使用自己独创技法，利用线条铸模而制作出的水波纹酷似英文字母S，因此这款作品就被命名为“S形纹饰玻璃杯”。

水波纹底面加冰杯。光线透过杯体时，可以观察到如水面波纹一般的光影。

S形纹饰玻璃杯共有6种颜色。清天工坊延续了使用废旧玻璃制作作品的传统，这一系列的杯子作品是将泡盛酒瓶熔化后制成的。

花小钵。松田的作品很多都是本着实用的原则制作而成的，但在光线的照射下，又能让使用者欣赏到美丽的光影。这款“花小钵”在光线的照射下，显现出了美丽的鲜花花纹。

松田清春正在将杯子底部处理至干净平整。

S形纹饰玻璃杯正在制作中。为了使玻璃表面呈现条状花纹，要将玻璃放入线条铸模中。

老式窑炉。

美丽的水波纹。然而这还并不算最后完成，需要再用手工仔细地调整花纹的形状。

说起“独创”，大家大多会联想到奇思妙想，然而利用十分简单的思维方式，制作出独创性作品的案例，却出乎意料地多。

松田的“S形纹饰玻璃杯”也不过是转变思维，“朝反方向转动杆子”而诞生出的作品。这是打破多数人奉为信条的绝对真理、敢于反其道而行之的勇气，也是大多数人根本难以触碰到的思维盲区。

松田脑海中之所以会迸发出这种异于常人的灵感并将其付诸实践，正是得益于他会持续不断地对创造新事物进行经常性的探索与思考。

松田中学毕业后就开始在玻璃工坊工作。据松田本人透露，在他20岁之前，也曾多次萌生出辞职的念头。

“之所以想要辞职，自然是工作上碰了钉子。那时我就想着要不要去别的工坊，置身于一个能够挑战全新工作的环境中。我当时相信在进入一个全新的领域之后，应该就会忘我地投身于工作中，在不知不觉中忘记之前受过的挫折。”

一边鼓励自己，一边苦修技能的松田在28岁时自立门户，于冲绳本岛的读谷村

读谷村在冲绳本岛中部，距离那霸大约1个小时车程。清天玻璃工坊位于住宅区的一角，邻近读谷村历史遗迹“座喜味城遗址”。年轻职工一边学习一边工作，希望跟随松田习得玻璃制作的技术。

颗粒钵。利用泡盛空酒瓶的废旧玻璃，也能制成如此澄澈的玻璃器皿。这件作品拥有着松田十分钟情的简约造型风格，极具松田个人风格特色。

创设了“清天玻璃工坊”。自此，他便一直坚守传统工艺，坚持使用废旧玻璃制作琉球玻璃工艺品。

松田告诉我们，时至今日，他已经设计出相当数量的独创作品，并均已面世。然而如果有人希望他传授制作方法时，他还是会毫无保留地倾囊相授。

“我23岁时曾见到过一款威尼斯玻璃杯，此后我便一直在思考如何自己动手进行复刻。接下来我阅读了大量书籍，反复尝试，然而始终不得要领。大概过了10年，我偶然间想起这个愿望还没有实现，便再次尝试制作，没想到竟一举成功。”

松田一边拿出当时所制作的作品向我们展示，一边为我们讲述着制作技法。他传递给我们的是永无止境的求索心和纯粹的好奇心。松田对于手工制作的热爱，以及让身边人如沐春风的宽厚性格，也正是其作品魅力的又一种体现。

为了重现之前曾欣赏过的威尼斯玻璃杯作品，松田挑战自我，自学空气旋转技巧，制成这款搅拌棒。

PEYO

冲绳方言中指代银河的词语为“天嘎拉”，这款钵因此而得名。LOBSTO工坊中制作再生玻璃的原料是泡盛酒瓶。利用这种玻璃可以制作出透明度极佳的玻璃制品。

池田章洋：

天嘎拉钵

闪耀在冲绳的天空中，映衬出银河之美

池田章洋：1969年生于日本东京。池田20岁左右于冲绳旅游时被琉球玻璃工艺所吸引，并从1998年开始进入恩纳村共荣玻璃工坊工作。2000年又作为员工进入读谷村清天工坊工作。此后池田移居冲绳并于2004年创设LOBSTO玻璃工坊。

玻璃工匠池田章洋所开创的LOBSTO品牌玻璃器皿在日本家喻户晓，以“您一生所爱的器皿”为宣传口号，广受欢迎。得名于冲绳方言中“银河”称谓的“天嘎拉”钵，就是他的人气代表作之一。

“天气晴朗的夜空中，可以清晰地看到美丽的银河。我希望能够制作出一款作品，展现出冲绳夜空中熠熠生辉的繁星之美，于是这款天嘎拉钵便诞生了。”池田微笑着告诉我们。

池田生于东京，热爱旅行。在他20多岁的时候基本每半年或一年就要通过一次旅行来享受人生。在池田即将迈入30岁大关时，认为自己是时候找到自己毕生的事业了，并踏上了去往冲绳的旅途。

“我一直都对琉球玻璃制品抱有一定的兴趣，去冲绳也是为了寻找可以从事琉球玻璃制作的场所。最终我的落脚点就是我开启职业生涯的那一家工坊。”

池田告诉我们，他上手一试就喜欢得不得了，于是便移居冲绳，并在2004年自立门户。自此以后，陪伴池田工作的就只有工坊中的大熔炉。

在万里无云的晴朗天空下，池田的夫人由佳里女士在自家庭院内高举“天嘎拉”钵向我们进

池田在家平时使用的条纹红酒杯和倾析器。他的住宅和工坊建在同一块土地上，庭院里有可供饮食的餐桌组合，还有一片家庭菜园。池田一家人在冲绳的生活十分惬意。

将碳酸氢钠溶液喷于玻璃下表面，碳酸氢钠溶液会与玻璃反应产生气泡，这些小气泡看起来就如同银河一般。

池田章洋在工坊中工作。

行展示。玻璃整体仿佛与湛蓝的天空融为一体，容器中无数的小气泡，好像本来就该是天空的一部分似的，开始闪烁光芒。如此奇幻的情节能够从一件玻璃器皿中散射开来，我想这种乐趣也正是LOBSTO玻璃器皿的又一大魅力所在。

“不仅在用餐过程中让使用者觉得妙趣横生，就算是用餐过后，使用者们还是会饶有兴趣地讨论：‘这器皿真有趣，到底是怎么做成的呢？’生活中如果有这样一件作品相伴，该是多么快乐的一件事情。无论是透明玻璃还是有色玻璃，均有其优势所在。然而再生玻璃通过融合不同瓶子可以造就出独特的色彩。我也正是由此感受到了设计的趣味性所在。”

池田所创作出的色彩，大多是接近透明玻璃颜色，具有透明度的自然色彩。他的作品保留了以再生玻璃为原材料的琉球玻璃作品所独有的柔和手感，同时还拥有自然的色彩和洗练的设计。不仅如此，使用起来还十分方便。

“每当我做好一件作品，一定会先在自己家里试用。在此期间，我又经常萌生出新点子。从作为一名玻璃工匠的角度来说，我在潜意识里会优先考虑技术层面的可行

图中所吹制的是玻璃杯的下半部分。上半部分已经在塑形工序中成形，这是吹制玻璃技法的基本流程。

池田与工坊员工向井隆二配合十分默契，一同完成制作工序。对于池田夫妇而言，向井就如同是他们家的一分子。

（从左至右）双色小钵、双色玻璃杯、水珠圆纹玻璃杯。双色系列和水珠纹系列都是LOBSTO的人气商品。这两款作品均是根据由佳里女士的建议而设计制作的。她提议“在玻璃杯设计中加上气泡及色彩元素”。

性，但是我妻子就没有这种固定观念。她会完全从一个使用者的角度去思考她喜欢的设计风格和她希望能够使用到的器皿是什么样子的。有很多时候我都是根据妻子的意见来推进设计。”

“轻敏小钵”便是其中之一。在最开始尝试制作的时候，器皿左右两边是直线形设计，然而由佳里女士却提出了自己的观点：“如果器皿的外观具有流动感，那使用起来一定会更有乐趣。”以此为契机，池田反复试验，最后完成了这件作品。

“我认为作品的品质之中可以折射出工匠日常的心态。因此我希望自己在制作玻璃作品的过程中能够抱着平和稳定的心态。不仅是在工作中，就算是在日常生活中我也会尽量让自己稳健平和，保持愉悦的心情。”

我们无法凭借肉眼观测到工匠们在制作作品时在其中倾注的心血和智慧，然而一旦我们了解或者感受到这些，当我们使用它们时，必然会有更大的乐趣。我们由衷地感受到，池田为我们展示了手工器皿独有的魅力。

水泡响杯。杯中精美的水泡设计拥有着淡淡的水色。根据饮品的不同，杯子盛装饮品后的整体外观也会发生变化，这正是这款杯子的乐趣所在。握在手中时抚触到的柔和质感和品尝饮品时感受到的柔和口感，都彰显着工匠在制作过程中满满的诚意。

为3岁和5岁的孩子制作的甜品杯。作为盛放酸奶或冰点的容器，池田一家每天都在使用。

根据由佳里女士的创意制作而成的“轻敏小钵”。平时用来盛放甜点、沙拉或是切成三角形的西瓜等。在池田家中使用率极高。

数据资料

接下来将为大家带来书中关于玻璃专业术语介绍的内容。

玻璃的加工工艺

据说人类加工玻璃的历史可以追溯到5000多年以前。

由于玻璃是一种只要受热就可以自由改变其形状的材料，

所以有很多种加工方法。

下面将为大家通俗易懂地总结和讲解本书中出现过的主要玻璃加工技法。

为玻璃器皿塑形

制作玻璃器皿的方法包括“热加工”“电炉热加工”“火工”等。

热加工

以受热熔化的玻璃作为原料塑造玻璃器皿形状。

吹制玻璃法：用吹杆卷取受热熔化的玻璃并吹气塑形的技法。

宙吹法：将吹杆举在半空中吹制玻璃的技法。

型吹法：将玻璃吹入铸模或木模中进行加工塑形的技法。

型压法（压制成形）：在模具中注入熔化玻璃，可以在短时间内复刻出复杂的花纹。

威尼斯玻璃技法

蕾丝玻璃技法、穆里尼技法

文艺复兴时期，诞生于意大利威尼斯地区的威尼斯玻璃制品在市场中独领风骚，令欧洲大陆的王公贵族们竞相追捧。当时的威尼斯共和国担心技术外传，因此在1292年下令强制所有玻璃工坊搬迁至穆拉诺岛上。这直接促成了玻璃工匠们的技术能力得到了进一步的磨炼，诞生了大量名作。威尼斯玻璃技法中较为高级的两种分别为“蕾丝玻璃技法”和“穆里尼技法”。借助吹制玻璃技法，制作出纤细蕾丝线条花纹的“蕾丝玻璃技法”和能够展现出一个万花筒般色彩斑斓世界的“穆里尼技法”，均是作为当时的不外传之秘而被继承延续下来的。

电炉热加工

组合冷却玻璃，用电气炉加热加工。

Pâte de verre：在铸模中放置玻璃颗粒并用电炉加热。

熔接法：借助电气炉加热，将玻璃熔化后拼接。

沉陷法：将玻璃放置在凹凸的模具中，用电气炉加热使玻璃也产生凹陷度。

火工技法

使用小型燃烧器熔化玻璃塑造形状。

氧气灼烧法：将氧气与空气的混合物作为助燃气体燃烧火焰灼烧玻璃。除了制作装饰品外，还可以用这种灼烧方式制作实验用的理化玻璃器材。

空气灼烧法：利用煤气与空气混合物做助燃气体燃烧火焰以灼烧玻璃。可以用来制作玻璃球或其他小巧精致的工艺品。

装饰工艺

给玻璃表面添加花纹或图画的装饰方法，分为热处理和冷处理两大类。

在实际操作中，有时会使用多种技法的组合装饰工艺。

热处理

趁玻璃处于高温状态时进行装饰。

厚涂玻璃工艺：在透明玻璃表面覆盖一层浓重的颜色。通过后续的切割加工可以观赏到浅色玻璃难以实现的花纹。这种技法在新艺术运动期间的玻璃作品中十分常用。

气泡玻璃工艺：在玻璃表面或内部加入气泡的技法。在受热熔化的玻璃中加入碳酸氢钠等化学品就会反应出气体，从而形成气泡。这种技法在北欧工匠的作品中十分常用。

冰裂工艺：在玻璃表面刻意做出小裂纹的技法。在吹制玻璃过程中，将处在高温状态下的玻璃瞬间浸入冷水，再反复经历加热和过冷水的步骤，就能够在玻璃表面形成裂纹效果。

贴花工艺：日语中也叫作嵌花工艺。在制作到半成品的玻璃器皿内，熔接设计为花朵或树叶形状的玻璃块。新艺术运动时期代表工匠——埃米尔·加莱就曾在制作中使用过贴花工艺。

玻璃化工艺（vitrification）：在加热处理后的素色玻璃基底上铺撒彩色玻璃粉末，再进行加热，使二者融为一体。这样操作可以给玻璃基底添加多种缤纷的色彩。法国的玻璃艺术家杜姆兄弟在新艺术运动时期经常使用这一技法。

马奎特雷工艺：将彩色小玻璃片嵌入加热处理后的素色玻璃基底中，再加热制成纹饰的技法。这种工艺是新艺术运动时期，埃米尔·加莱从家具的寄木细工中获取灵感创始而成的。用这种技法制成的作品曾在1900年的巴黎万国博览会上荣获金奖。

冷处理

在玻璃冷却后进行装饰。

玻璃切削加工工艺：在日本，这种工艺叫作“切子”。指用砂轮在玻璃表面切雕打磨，雕刻出花纹的工艺。

喷砂工艺：借助压缩空气的压力在玻璃表面喷砂雕刻。

小砂轮切雕工艺：用小型砂轮在玻璃表面雕刻出纤

细的花纹。

蚀刻工艺：在玻璃表面喷涂化学品，使其腐蚀出花纹的模样。

珐琅彩绘工艺：将珐琅溶解于油等液体中，用其在玻璃表面作画后进行烧制。

彩绘玻璃工艺：根据分类方式的不同，我们有时也会将彩绘玻璃工艺归属冷加工范畴内。一般来说，彩绘玻璃工艺被称为“彩色玻璃镶嵌”工艺，需要将彩色玻璃切割成各种形状，进行立体或平面的拼接工作。著名宝石饰品品牌蒂芙尼（Tiffany）第一代传人，路易斯·卡姆福特·蒂芙尼为弥补“彩色玻璃镶嵌”工艺的不足，创始了“蒂芙尼技法”。通过使用铜箔胶带和焊锡固定的方法，使得作品的整体表现更加细腻且具有立体效果。

玻璃器皿的分类介绍

器皿篇

为您介绍各种器皿的特点和用途。

日式餐具和西洋餐具有不同之处，这里主要选择的是笔者较为熟悉的玻璃器皿。

不同制作者对于器皿尺寸大小的定义可能有所不同，因此这里的尺寸都是大概的数值。

大皿（大盘）：主菜用盘，规格大概25厘米，也被称为肉盘。经常被用作盛放由面包和沙拉共同构成的盘餐。

中皿（中盘）：规格大概20厘米的盘子。这种尺寸的盘子不仅可以用来盛放甜点或水果，用来盛放沙拉也十分方便。

小皿（小盘）：规格为17至18厘米的小型盘。在西餐餐具制作领域中一般将小皿称作甜点盘，除了用来盛放面包或沙拉之外，也可以作为分餐盘使用。

手盐皿（小碟）：日本料理中将规格10厘米左右的小碟子称作手盐皿。这种小碟的用途是盛放食盐，以防止膳食不干净，因而得名“手盐皿”。

豆皿（盘）：日本料理中将比小盘尺寸更小的盘子称作豆皿。一般用来盛放酒类或菜品，也会用来盛放酱油。由于其配色丰富，因此用来摆放筷子装点餐桌也是趣味十足。

小钵：规格10至15厘米，具有一定深度的日料餐具。根据小钵深浅程度的变化分为浅钵、深钵等不同种类。小钵用途广泛，用来盛放单人份刺身或是其他日式物品时都能派上用场。在西餐中也被称作沙拉碗。

向付：怀石料理中置于饭菜正对面的器皿。用来盛放应季食材制作而成的小量菜品，也可以直接当成小钵和小皿来使用。

片口：一侧设有壶嘴的器皿，基本功能是作为分酒器使用。除了在酒席上使用之外，有时也用来淋调味汁。

倾析器：有时也称作换瓶器。在添加红酒的时候，用来让红酒与空气接触以促进其熟成。红酒的香气会伴随着氧化过程更加突出和鲜明。

壶（pitcher）：饮食中盛放饮品的器皿。意大利语为carafe。

玻璃杯篇

为您介绍各种玻璃杯的特点和用途。

玻璃杯都是根据其所盛放饮品的特征制作而成的。比如想要体味到红酒之类饮品的香气，使用窄口宽杯可以保证香气锁住不流失。而饮用起泡葡萄酒时，则需要使用细长形的玻璃杯以防止气泡消失。

平底大杯类：

没有杯脚的平底玻璃杯。

口杯：用于直接饮用高度酒的玻璃杯。分为30毫升、60毫升、90毫升三种规格。

平底大杯：平底大杯就是日常生活中使用的“大茶杯”。平底大杯用途广泛，可以用来盛放软饮或酒类，是一种较为普遍的玻璃杯。在日本，平底大杯多为240毫升规格。

老式玻璃杯：通常被称作加冰杯。由于其用作酒器的历史十分悠久，因此被称作老式玻璃杯。这种杯子一般用来盛放加大冰块的饮品，杯体较矮，圆筒形，容量为180毫升至300毫升。

柯林斯杯：细长圆筒形酒杯。经常用来盛放柯林斯或菲斯等气泡鸡尾酒，容量为300毫升至600毫升。

带脚玻璃杯：

带有细杯脚的玻璃杯。

利口酒杯：为能够更直接地品尝到利口酒的香气而使用的酒杯，是一种小型的带脚玻璃杯。可以用来饮用餐前酒或餐后酒，也可以用来饮用日本酒。容量为30毫升至60毫升。

雪莉酒杯：为西班牙产雪莉酒量身打造的酒杯。比利口酒杯略大，容量为60毫升至90毫升。

酸味鸡尾酒杯：为饮用酸味鸡尾酒打造的中型酒杯。在日本，大部分酸味鸡尾酒杯都带有杯脚，在其他国家也会使用不带杯脚的平底杯。容量约120毫升。

鸡尾酒杯：主要用来盛放一口量的鸡尾酒。一般杯口部都是广口倒三角形状，为了让使用者在饮用过程中不用倾斜杯体，杯子带有杯脚，杯身为喇叭形，容量为90毫升。

白葡萄酒杯：用来饮用冷却的白葡萄酒。饮用白葡萄酒时为防止酒温度上升需要使用小尺寸酒杯。有专门用来饮用控酸白葡萄酒的波尔多杯和用来饮用带有强烈酸果味白葡萄酒的勃艮第杯两种。容量约为220毫升。

红酒杯：为了使红酒与空气充分接触，红酒杯尺寸一般较大。波尔多常用的红酒杯杯体呈圆弧形且尺寸较大，多用于饮用涩度较高的控酸红酒。勃艮第使用的红酒杯杯口则相对狭窄，用来饮用酸味较强的控涩红酒。容量为180毫升至360毫升。

香槟杯：香槟杯有很多种类，一般我们所说的香槟杯指的是长笛形的细长玻璃杯。杯身细长，口部狭窄，保证了二氧化碳不外流，饮用者可以享用到丰富的气泡。容量为150毫升至200毫升。

白兰地杯：如郁金香形状一般底部膨大的大酒杯。为了锁住酒香，杯口部狭窄。虽然白兰地杯体形较大，但是只要随意倒入30毫升左右的白兰地酒，酒香便会聚集到杯口狭窄的部分，香气扑鼻。容量为180毫升至300毫升。

高脚杯：带脚大玻璃杯。主要在随餐饮水时使用。比红酒杯尺寸大，容量约为300毫升。

比尔森杯：喝啤酒时使用的细酒杯。比尔森酒杯诞生于捷克，最初专用于饮用捷克比尔森啤酒。容量约为300毫升。

专业术语介绍

为您介绍本书中提及的主要玻璃工艺技法等与玻璃工艺相关的专业术语。

Art Déco（装饰美术）：20世纪初盛行的装饰美术。特征是使用流线型或几何学的装饰手法。

Art Nouveau（新艺术运动）：19世纪末盛行的装饰美术运动。特征是制作作品时使用植物花纹和流动曲线。

威尼斯玻璃：产自意大利威尼斯的玻璃工艺品，其特点是装饰性强。基本制作方法是吹制玻璃法，也会使用高难度技巧将玻璃吹至极薄。有时还会将杯脚拉长并加以花鸟图案等复杂装饰。威尼斯玻璃技法被视为“轻工业师的绝技”，高深莫测。

加饰：在器皿表面加以装饰。

型吹法：玻璃吹制方法的一种。用吹杆前端挑起加热变软的玻璃放入模具后，从吹杆吹气使其膨胀从而塑造出器皿的形状。

切雕打磨：用砂轮等工具打磨器皿表面，雕刻花纹的方法。在日本被称作“切子”。

钾水晶玻璃：也被称为硬质玻璃。用草木灰代替铅作为原料，特点是透明度高，质地较坚固。

水晶玻璃：也被称为铅水晶玻璃。折射度和透明度高，富有光泽。

切子：日本对切雕打磨工艺的称谓。

硅砂：用石英颗粒制成的砂粒，作为玻璃原料使用。

缓冷：缓慢冷却。使热加工处理后的玻璃缓慢均衡冷却的过程。

烧成：将原材料高温灼烧，使其性质发生变化。

苏打玻璃：用于日常生活用品中的玻璃。如窗玻璃或玻璃杯使用的玻璃。

宙吹法：吹制玻璃法中的一种。将吹杆举在半空中，向内吹气，为玻璃制品塑形。

玻璃球：带有孔洞的玻璃球。

Pâte de verre：制作玻璃器皿的技法之一，指将玻璃颗粒置入模具后用电气炉加热。

熔融法：制作玻璃器皿的技法之一。使用电气炉加热，将熔化的玻璃粘接在一起。

波希米亚玻璃：捷克传统玻璃工艺。波希米亚玻璃的特点是雕工绵密细致，因而享誉全世界。

穆里尼：将制成金太郎糖果（长条形糖果）形状的带花纹玻璃棒切割成小段，像马赛克一样摆放组合并加热熔接，属于威尼斯玻璃技法的一种。

蕾丝玻璃：利用威尼斯玻璃传统技法制成，带有优美纤细花纹的玻璃器皿。有时也用“蕾丝玻璃”这一词语直接指代蕾丝玻璃技法。

熔接：将玻璃熔化接合，成为一个整体。

后记

曾经，我认为玻璃器皿是一种只在夏天才会使用到的器皿，是一款玻璃杯让我明白，这种想法是对玻璃器皿的一种误读。那款透明玻璃杯由工匠亲手打造而成，握持感十分厚重，杯身触感柔和，无论春夏秋冬，每天都滋润着我的生活。

也正是由于与那款玻璃杯的邂逅，我开始探寻其他玻璃器皿的奥秘。沙拉碗、小钵以及插着花花草草的瓶子等，能够让我们更加享受生活的优秀玻璃器皿数不胜数。

举例说明，同样是透明的玻璃器皿，也会在不同工匠的操作中展现出不同的形态。此外，“皿”这种物品，也会在工匠手中被塑造成独特的形状以便于使用。

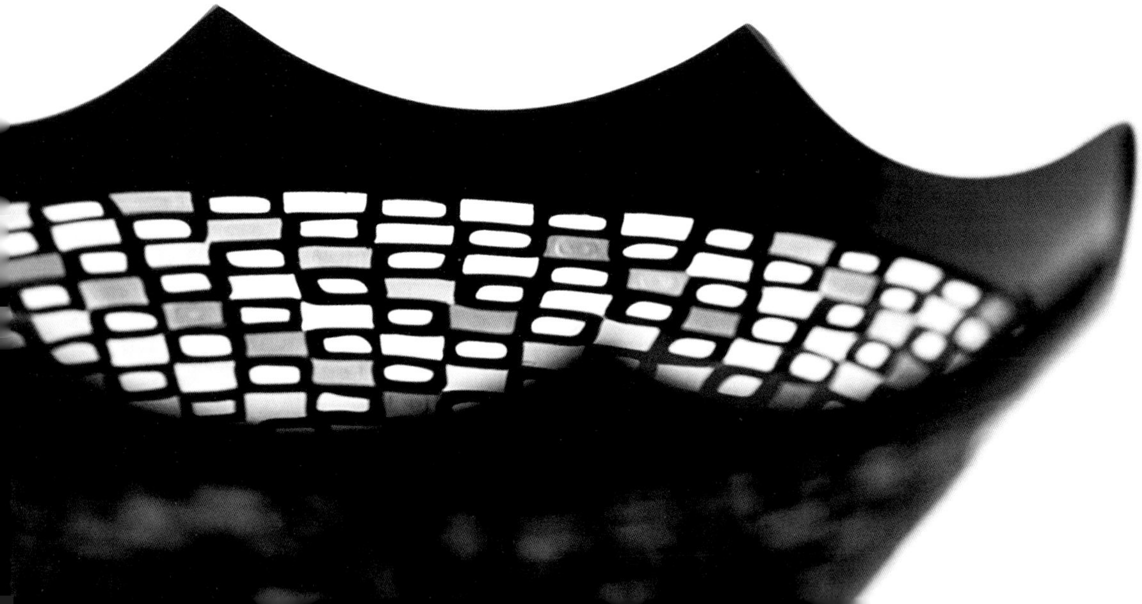

为了解到更多“手制玻璃器皿”所蕴含的独有魅力，我约见了多位玻璃工匠。

在会谈的过程中，各位玻璃工匠在面对玻璃时所展示出的克己精神远超我想象，我也为他们真挚的态度所打动。而那一件件魅力十足的经典之作，也正是出自这样一位位工匠之手。

可以说，整个会面过程对我来说更像是一次难忘的旅行。围绕“手制玻璃器皿”这一范畴，我深切地感受到这些玻璃工匠十分值得敬佩，他们也在通过作品展现自己的人格。

如果本书能够在介绍“手制玻璃器皿”所蕴含的独有魅力这一方面尽到一份微薄之力，我将不胜荣幸。

最后，借此机会，请允许我向接受采访的各位玻璃工匠再次表达诚挚的感谢。你们能够在百忙之中欣然应允采访，本人不胜感激。同时，我还要向拍摄出精美照片，为读者展示出各种器皿优良特性的摄影师臼田尚史，百忙中为我们提出多项优质设计方案的设计师望月昭秀，以及促成本书出版的诚文堂新光社的各位表达深深的谢意。

如今，我更加深刻地体味到：

玻璃器皿最具魅力之处，正在于其制作者本身。

岛崎千秋

2012年7月

图书在版编目（CIP）数据

日和手制　杯子 /（日）岛崎千秋著；陈益彤，张家悦译．—杭州：浙江人民出版社，2018.6
ISBN 978-7-213-08726-4

Ⅰ．①日…　Ⅱ．①岛…　②陈…　③张…　Ⅲ．①玻璃器皿—制作　Ⅳ．①TQ171.75

中国版本图书馆CIP数据核字（2018）第080467号

浙江省版权局
著作权合同登记章
图字：11—2018—147号

日和手制　杯子

RIHE SHOUZHI BEIZI

［日］岛崎千秋　著　陈益彤　张家悦　译

出版发行　浙江人民出版社（杭州市体育场路347号 邮编310006）
责任编辑　徐　婷　钱　丛
责任校对　杨　帆　朱志萍
封面设计　棱角视觉
内文制作　佳睿天成
印　　刷　北京盛通印刷股份有限公司
开　　本　710毫米×880毫米　1/16
印　　张　10.5
字　　数　100千字
版　　次　2018年6月第1版
印　　次　2018年6月第1次印刷
书　　号　ISBN 978-7-213-08726-4
定　　价　42.00元